U0391345

诺亚方舟

揭秘地球大劫难

马郁文◎编著

时事出版社

前　言

　　纵观地球的发展轨迹，曾先后发生过多次毁天灭地的大浩劫，而在每一次的劫难之中，大约会有70%—90%的物种不幸灭绝。能够走到今天，人类无疑是幸运的，但在这种幸运背后，可怕的大劫难阴影却一直如影随形，我们不知道，在将来的某一天，人类是否也会如同那些消逝在地球上的物种一般，走向不可抗拒的毁灭……

　　恐惧源于未知。这个宇宙对于人类来说，充满了太多的未知。或许正是因为如此，"世界末日"的阴影和悲观情绪一直根植在人类的心中。有时甚至只需要一些小小的"端倪"，甚至一条毫无根据的"谣言"，便能引起一阵地球毁灭的莫名担忧。

　　但同时，人类也是坚强的。哪怕被悲观与恐惧所包围，却也从未放弃希望。为了克服源于未知的恐惧，为了跳出以毁灭为终点的生命周期的桎梏，人类一直在努力探寻地球大劫难的真正原因，以及寻找地球免遭毁灭的方法。人类始终坚信，无论地球未来命运如何，放眼浩瀚的宇宙，无数璀璨的星辰是人类未来无限的可能与崭新的希望。

本书所要讲述的，正是千百万年来，脆弱又坚强的人类依靠自己不断进化的智慧和孜孜不倦的探索精神，总结和追寻地球劫难与人类文明消逝背后的"真相"，以及寻找人类未来生存的方向与可能性。

虽然以目前人类的科技水平而言，或许还不足以完全解释这些谜团，但我们相信，随着人类持续不断的进步与探索，终有一天，我们能保护赖以生存的地球和走向无限可能的宇宙。

目录
Contents

第一章

诺亚方舟：真实的神话故事?

诺亚方舟的故事传播甚广，而且在世界各国的神话故事里都能找到相似的故事。这仅仅是巧合吗？或者说诺亚方舟的故事有着真实的原型？尽管有人宣称找到了诺亚方舟的遗址，但解开诺亚方舟的谜团尚需更多时日。

方舟的故事

　　"方舟"这个词已经成为人们形容救命稻草的最常用词之一，甚至不少家长给自己的儿女取名字的时候也会用上"方舟"两个字，以代表对儿女寄托的希望。那么方舟究竟是什么，我们为什么用"方舟"来形容希望？这个就要从古老的《圣经》故事说起了。

　　在《圣经》当中，亚当与夏娃被魔鬼引诱，偷吃了禁果，被上帝赶出了伊甸园；该隐因为嫉妒哥哥比自己更加受上帝的宠爱，而杀害了他；更有不少天使因为忍受不了人间女子的诱惑，与她们相结合，生下了天生神力的孩子。这些孩子因为自身的力量强大，开始滥用暴力，其他人也有样学样，导致人间一片混乱。人类的所作所为让上帝既伤心又愤怒，他决定降下大灾难，用洪水荡涤人间的罪恶。在执行之前，上帝找到了诺亚，因为诺亚是一个不与时代同流合污、保持本心的"义人"，他告诉诺亚："你是一直与我同行的人，你要用歌斐木建造一艘大船，里面分成一间间船舱，里外都要涂满松香。船的长度要有300肘（古代长度单位，一肘为 0.44米），宽50肘，高30肘。你和你的全家都要进入方舟，凡洁净的畜类，你要带七公七母；不洁净的畜类，你要带一公一母；空中的飞鸟，也要带七公七母；可以留种，全部活在地上的植物。方舟建好的第7天，我要在地上降雨40昼夜，把我所造的各种活物全部从地上除灭。"

诺亚遵从了上帝的旨意，一边赶造方舟一边劝告世人悔改他们的行为，但世人不仅不悔改，还嘲笑诺亚。诺亚在没有任何人帮助的情况下，用了120年才把方舟造好，并且赶紧将自己的家人和上帝要求收集的飞禽走兽装进了方舟，此时诺亚已经600岁了。7天后，果然如上帝所说的一般，大雨从天而降，足足下了40个昼夜。所有的动物、植物，乃至人类，全都遭受了灭顶之灾。

40天后，大雨停了下来，洪水也渐渐地退去。诺亚的方舟停靠在了亚拉腊山顶上。又过了几十天，诺亚打开了方舟的窗子，将一只乌鸦放出去打探消息，但乌鸦始终没有回来。诺亚又放出一只鸽子，让它去看看洪水退了没有。外面依旧洪水滔天，鸽子找不到落脚的地方，只好飞回了方舟。七天过后，诺亚又将鸽子放了出去，这次鸽子在黄昏的时候衔回了一支橄榄枝，橄榄枝上长出了新的嫩芽，因此诺亚断定洪水已经退去了。橄榄枝和鸽子也因此成为了和平的象征。

得知洪水退去的诺亚将自己的家人和动物都带出了方舟，他马上建造了一座祭坛，将上帝认为是"洁净的"的动物和雀作为祭品，烧给了上帝。上帝闻到了献祭的香味，决定不再因为人类的过失而诅咒这片大地，从今以后再不会降下毁灭一切生物的神罚。上帝在天空创造了一道彩虹，作为对诺亚的回应。

诺亚方舟的故事在《圣经》中是非常重要的部分，也是在西方非常深入人心的故事。这不仅是因为故事本身揭示了一个好人好报的人生寓意，更是因为这个故事被称为最有可能是真实存在的《圣经》故事。诺亚方舟的故事不仅在《圣经》中有所记载，在其他宗教的神话中也多有描绘，最早可以追溯到巴比伦时期。

在古巴比伦的《吉尔伽美什》史诗中，与诺亚身份相同的是一个名叫阿特拉·哈西斯的人。古巴比伦的神话无论是从创世纪的部分还是方舟的故事，都和基督教神话非常相似。在古巴比伦神话中，上层的神认为下层的神任务太繁重了，他们决定杀死一个叛徒神，用他的血肉混合上泥土来制造人类，让人类代替下层神去工作。最终，众神选择的目标是一位名叫"智慧"的神，用他的血肉和黏土制造了人类的躯体。众神排队向黏土人吐唾沫，黏土人就活了过来，成为了人类。

人类繁衍得很快，没多久数量就开始让众神觉得心烦了。人们的吵闹声甚至传到了众神生活的地方，让他们心神不宁。众神决定不再忍耐，召开了一个会议，最终决定将疾病、饥荒、贫穷和灾害传播到人间。除了众神降下的灾难外，资源的缺乏也开始让人们之间互相争斗起来，人类互相残杀丑恶的一面被众神看在眼里，他们决定降下毁灭性的灾难，彻底消灭人类。

众神之中有一位名叫埃阿的神祇，他对阿特拉·哈西斯非常同情，于是来到阿特拉·哈西斯的茅屋前，警告他马上建造一艘大船，这样才能在滔天的洪水中得以幸存。阿特拉·哈西斯按照埃阿的旨意建造了方舟，并且将各种动物和自己的家人一起带到了方舟上，躲过了灭顶之灾。

除此之外，其他宗教也有着类似的记载。众多的记载从各方面补充了传说的细节，让诺亚方舟的故事变得丰满起来，这也从侧面说明了诺亚方舟的传说是有一定的可信性的。

诺亚方舟与大洪水

诺亚方舟的故事不仅在各种西方的神话中耳熟能详，现实中更是有着与诺亚方舟类似的史前大洪水的内容。而史前大洪水事件是否是真实的，更是与史前人类的种种疑团息息相关。

随着科技水平的进步，人类对于地球的探索也开始逐渐加深，但随之而来的不是对于种种谜团的解释，而是更多的谜团，其中更是以许多超出现今人类文明诞生时间的人类遗迹为主。1998年，中国科学家曾在重庆市巫山县龙骨坡"巫山人"遗迹进行考察，考察结果令人震惊，在龙骨坡出土了大量旧石器，这些旧石器上有着明显人类敲打的痕迹，并且样式大致类似。这些古人类所使用的工具经过鉴定，发现距今已有200万年的历史。早在1995年，美国古人类学家就在美国权威科学杂志《Natuer》上发布了论文，但因为出土的石器较少，缺少说服力。在这一批旧石器出土后，"巫山人"是否存在的争论正式画上了句点。

对于古人类的发现还不止于此，美国、阿根廷、非洲等地都出土过年代远超人类文明的人类遗迹，最远甚至可以追溯到5500万年以前，最近的也有9000年。这些发现不止是石器，不少更是有着真正的文明痕迹，比如美国马萨诸塞州一场岩石爆破中所发现的金属花瓶。该花瓶做工精良，雕工细腻，但检测结果说明该花瓶距今已有超过10万年的历史。史前人类不仅在文化上说明他们已经有了文明，不少文物更是展现出他们可能拥有较高的科技水平。1936年6月，伊拉克首都巴格达的一群铁路工人发现一块巨大的石板，继续挖掘发现石板下面有着一座巨大的古代陵墓。考古人员在石棺当中发现了一些奇特的陶器、铜器和铁棒，经过组合，发现组成的东西与当今的电池十分类似。

如果说波斯文明距离我们不算太远，那么法国一家公司在1972年的发现一定会令你十分震惊。该公司当时正在非洲加蓬共和国进口铀矿石，有一批进口的矿石含铀量极低，似乎被使用过。世界各国的考古学家和科学家纷纷来到该地进行研究，结果发现该地是一个古老的核反应堆。反应堆保存极其完整，运转时间长达50万年，结构的合理性甚至超过了现代人的技术。

种种史前人类的遗迹证明了在当今人类之前，地球上还存在过其他人类文明，但是那些文明哪里去了？如果毁灭了，那么是什么毁灭了他们？其中的假说之一就是史前大洪水。

人类曾多次被灭绝，但灭绝原因用现代的技术已经无迹可考。不少神话传说记载的时间相比几百万年来说并不久远，我们不难发现，最有可能的一次人类大灭绝可能就是在距离我们八九千年之前，而最后一次大灭绝的时间极有可能就是一场神话中的洪水灭世。根据不同地区传说的共同性，可以得知这场洪水是世界性的、全球性的，并且是在很短的时间里，令人猝不及防。除了最高的山峰外，整个世界几乎在短短几个月里完全淹没在洪水之中，而且这场洪水的持续时间可能长达半年之久。而洪水可能不是令人类甚至所有地球生物灭绝的唯一原因，伴随洪水而来的还有其他气候的连锁反应，比如气温的骤然升高和骤然下降。

在大自然面前，人类是无比渺小的。突如而来的灾难摧毁了房屋，淹没了田地，改变了温暖的气候，让整个地球的温度降低到了零下几十度。在连赤道都被冰冻的温度下，人类要怎样生存下来呢？逃脱了大洪水，仅仅是一切不幸的开始而已。或许有人类侥幸躲过了种种灾难，拼尽全力撑到了灾难结束的一刻，那么这个时候人类文明积累的文化、科技又能剩下多少？一无所有的人类，也许就是赤裸裸地直面大自然母亲的吧。

那么引起史前大洪水的会是什么呢？或许从古代记载大洪水事件的一些资料中可以找到些端倪。

古巴比伦的《吉尔伽美什》史诗是现存于世对于大洪水记载最完整

的资料，它的真实性相对于神话来说要高出许多，因为这部史诗是根据大洪水中幸免于难的人口述而成的。记载当中提到了洪水伴随着风暴，在一夜之间就淹没了所有的平地和丘陵，只有逃上高山的人才幸免于难。无独有偶，墨西哥出土的古文书中也提到，天地互相接近的一天，人类遭遇了灭顶之灾，就连高山都沉入了水中。岩石覆盖了地面，发出可怕的沸腾声，红色的山在上面飞舞。由此可见，在墨西哥地区除了大洪水外，还伴随了火山的爆发。这些关于大洪水的记载中，除了暴雨之外，共同提到的还有山体伴随暴雨一起降落的情景，还原当时的场景，可谓是真正的山崩地裂。但更引人注意的是，不少记录称大洪水事件的罪魁祸首是月亮。

芬兰的叙事诗和南美的部分传说，都认为突如其来的毁灭人类的灾难的罪魁祸首就是月亮，月亮是在大洪水之后才出现的。玛雅人对于天文和历法的研究有着非凡的造诣，对于星空有着许多记录，其中唯独缺少对月亮的描述。非洲南部的古老民族也有对于大洪水的记载，他们的传说中在大洪水之前也不曾有关月亮的记录。公元前三世纪前后，亚历山大里亚大图书馆的第一馆长在整理古书时也留下记载，古时候的天空看不到月亮。

如此多的记载，月亮和暴雨中伴随山体的坠落是非常令人关注的事情，月亮突然从夜空出现，难道说在大洪水时期月球接近了地球？而大洪水正是因为月球的引力而形成的？如今这些谜团还没有一个确切的答案。

大洪水与亚特兰蒂斯

之前我们说过，对于史前大洪水的事件，世界上不少国家的神话传说都有着记载，这更是从旁为诺亚方舟的真实性做了佐证。那么究竟有哪些有关于大洪水的知名传说呢？这些传说之间又有着哪些不同呢？

我们之前详细讲述了古巴比伦和《圣经》中对于大洪水的记载，在这里就不一一赘述了。让我们先看看，希腊关于大洪水的记录。

希腊神话和《圣经》中的记载有着相似之处，也有着许多不同的地方。根据希腊神话记载，暴雨神罚是由天帝宙斯降下的，原因是人类日渐残暴，好人越来越少，坏人越来越多，整个世界如同丛林一般，人们弱肉强食，完全忘记了文明应有的正义和礼节。宙斯说："人类就是这世界的混乱之源，如果怜悯人类，他们就会肆意享乐，快速繁殖，变得傲慢无礼；如果只是施以小小的惩戒，他们可能会暂时收敛，但用不了多久就会故态复萌；给他们机会改过，倒不如一次消灭他们来的省心。"宙斯的意见得到了其他神祇的同意，他们决定用暴雨来毁灭人类世界。

普罗米修斯因为私自将火种交给人类，被捆在奥林匹斯山受罚，他的儿子鸠凯林不愿与天神为伍，就和人类生活在了一起。鸠凯林在去奥林匹斯山探望父亲的时候，从父亲口中得知了众神想要毁灭人类的消息，他马上回去建了一艘大船。几天后，众神降旨，暴雨倾盆而下，整整下了几个月。鸠凯林的船停在了高山山顶，直到水势退去。

我国对于大洪水也有着大量记载，由于我国民族众多，各民族之间关于大洪水的传说也各不相同，有记载大洪水的记录有400篇之多，其中以大禹治水的故事最广为人知。大禹治水虽然家喻户晓，但更早的记录要追溯到女娲补天的故事。女娲造人之后，火神祝融和水神共工两个氏族交恶，双方争斗不断。一次争斗中，共工大败，一气之下撞向天柱不周山。天柱断了，天空开始倾斜，地上开始涌出无尽的洪水，幸亏女娲大神炼化五彩石，最终舍身补天，才免去了人类的灭顶之灾。

不过天补好了，洪水却依旧泛滥，人们无法生活。天上有一位大神，名叫鲧，他不忍心看着百姓饱受洪灾的困扰，私自下界为人类治理水患。下界的时候，还带走了天帝一件宝贝，那就是可以自己生长的神土——息壤。鲧仗着自己有息壤，拼命地用息壤堵住水流，而效果却并不好。堵住了一处，水就朝着另一处流去，倒霉的最终还是人类。而鲧私自下界还偷走息壤的事情，没多久就被天帝发现了，天帝命祝融前去杀他，将鲧杀死在了羽山，息壤也被带回了天上。禹是鲧的儿子，他继承了鲧的意志，总结了鲧失败的经验，提出了堵不如疏的想法，最终花费13年，平息了水患。

根据记载，鲧治水用了9年，禹治水用了13年，大洪水在中华大地上至少肆虐了22年之久。

提到大洪水，就不能不提鼎鼎有名的海底之城——亚特兰蒂斯。亚特兰蒂斯是传说当中拥有高度文明的古老大陆的名字，关于其最早的记载可追溯到古希腊哲学家柏拉图的著作《对话录》。现今保存在梵蒂冈的古代墨西哥著作中，同样有着关于亚特兰蒂斯的传说。亚特兰蒂斯吸引了无数科学家对其进行寻找和考察，经过科学家们不懈的努力，找到了不少关于亚特兰蒂斯真实存在过的证据。

柏拉图提到亚特兰蒂斯位于当今的直布罗陀海峡对面，并且与古希腊的城邦雅典交恶。就在双方即将开战时，一场突如其来的灾难让整个亚特兰蒂斯沉入了海底。尽管柏拉图的记载与史前大洪水的时间相悖，但柏拉图对于亚特兰蒂斯的记录也未必完全是真的。柏拉图本人是个理想主义者，当时的雅典生活腐化，道德堪忧，柏拉图在著作中创造一个理想乡也是合理的事情。

玛雅历法中与古墨西哥抄本中有着类似的记载，那就是对于地球上早于我们出现的四代人类。玛雅历法说地球共经历过五次毁灭与重生，每一次的毁灭都是一场大灾难。而其中第四次就是亚特兰蒂斯文明了。古墨西哥抄本中的记载更加详细："第一代人类是巨人，他们毁灭于饥饿。第二代人类毁灭于巨大的火灾。第三代人类是猿人，他们毁灭于自相残杀。后来又出现了第四代人类，即处于太阳与水阶段的人类，处于这一阶段的人类文明毁灭于大洪灾。"这份记载与玛雅历法中的记载不谋而合，玛雅历法中也称第四代文明为光的文明。

随着科学的进步，地质勘探变得不那么困难，运用科学技术已经可以证明在史前大洪水之前，地球上有存在着亚特兰蒂斯大陆的可能，尽管它现在已经沉没在了大西洋当中。对于亚特兰蒂斯的寻找与发现从未停止过，并且取得了惊人的成绩。早在1967年，一位美国飞行员从巴哈马群岛上空飞过时，就发现了水下不深的地方有一形状规整的、巨大的长方形物体。隔年，美国考察队就在安德罗斯群岛附近的海底发现一处古代寺庙的遗迹和一座加工过的、极其平坦的石台。由此推测在遥远的、不确切的年代，巴哈马群岛曾存在着一座岩石修筑的大型城市。1985年，两位挪威水手在百慕大的海底发现了一座古城，根据拍摄的照片显示，海底有着纵横交错的街道，圆顶建筑风格的房屋、寺庙，与柏拉图所描绘的极其相似。2013年5月，日本在柏拉图所描述的位置发现海底大陆，12月一名渔夫用声纳在大西洋亚速尔群岛海底发现一座高60米、宽8000米的巨型金字塔。

种种迹象说明亚特兰蒂斯极有可能是真实存在于地球之上的，只不过柏拉图出于激励雅典人民的目的，将时间进行了修改。而真正解开亚特兰蒂斯之谜的日子，相信已经不远了。

寻找诺亚方舟

诺亚方舟可能是真实存在的，因此人们对于寻找诺亚方舟的狂热从未停止过。多年以来，许多考古学家、探险家将无数宝贵的时间与精力投入到寻找诺亚方舟当中，最终取得了了不起的成绩。

根据《圣经》中的记载，诺亚方舟最后停靠的地方是土耳其东部的亚拉腊山，世界各国考古学家都将其作为寻找诺亚方舟的圣地。尽管有了大概的方向，但寻找诺亚方舟并不是一件简单的事情。亚拉腊山是一座活火山，在历史记载中，有着数次喷发的记录，最后一次喷发更是近在1965年。除了火山喷发之外，亚拉腊山还是一座"坏脾气"的山，它经常会发生山崩和雪崩。山上有许多深不见底的裂缝，裂缝不时喷出大量的烟雾。这些烟雾由二氧化碳和有害气体组成，是火山喷发和地震的产物。不仅如此，因为亚拉腊山是由花岗岩构成的，所以探索该山还有遭遇雷击的风险。

寻找方舟除了亚拉腊山自然因素的阻碍，还有人为的因素。土耳其政府曾下令，禁止探险队进入亚拉腊山，而该地区还有当地土著库尔德族的游击队活动，一不小心探险队就会成为游击队的阶下囚。

第一个可以证明诺亚方舟就在亚拉腊山的记载早在1919年就已经被发布了，那是一张俄罗斯飞行员罗斯科维斯拍下的照片。该照片十分模糊，但是可以看见一个暗色的点出现在山顶皑皑的白雪和厚厚的冰层之下，当时就有科学家怀疑那个与山顶坏境很不和谐的暗点就是《圣经》中的诺亚方舟。在1957年，土耳其几名空军飞行员考察亚拉腊山顶，也发现了那个暗点，并且在低空飞行中，看出该物体呈船形。1995年，伴随科技的进步，卫星拍摄山顶的照片已经不再是难题，美国里士满大学的泰勒副教授通过对大量卫星成像图片的对比分析，发现照片上那个暗点居然长达180米，这更是肯定了人们觉得那是诺亚方舟的猜想。

诺亚方舟极有可能就在亚拉腊山的山顶，但因为亚拉腊山的险恶地形，没有人可以接近它。在长达几十年的时间里，几十支登记在案的探险队和无数支未登记的探险队走入亚拉腊山，但最终都未能成功地接近那个暗点。

2002年，寻找诺亚方舟的行动获得了极大的收获，中国香港的袁文辉和李志光在多次进入亚拉腊山的范围后，终于以自己的诚意打动了当地库尔德族领袖，赢得了当地人的信任。当地人告诉他们一条从未有任何探险队走过的路线，或许这条路线就是通向诺亚方舟的捷径。在与土耳其官方进行了艰难的交涉后，他们终于取得了土耳其官方的许可，允许进入亚拉腊山军事禁区登山，寻找方舟的探险正式成行。

2004年10月，袁文辉、李志光还有十名来自中国香港的登山家和库尔德族人共同组成了一支探险队，正式踏上了寻找方舟之路。尽管是一条相对安全的道路，但是这一路上还是遇到许多艰难险阻，最终，探险队于亚拉腊山4200米海拔高的悬崖的一边发现了诺亚方舟的踪迹。他们拍摄到了诺亚方舟遗迹的外貌，还拍到了方舟内部的木制结构。

2010年4月，香港基督教组织和土耳其专家再次组成探险队上山，这次的目的不仅是近距离观察方舟的全貌，更是要进入方舟内部。在方舟内部发现了陶器、绳索和疑似植物种子的物体。探险队当即对方舟遗迹进行了碳元素鉴定，结果显示该遗迹于4800年前就已经存在了，这个时间与《圣经》和《古兰经》中对于诺亚方舟故事的描述不谋而合。探险队中著名的方舟探索家格利特·艾顿详细地介绍了发现方舟的细节。无论是方舟的形状、材质还是停靠地点，都与历史记载相吻合。探险队在接受记者采访时透露了其他关于方舟遗迹的情况，包括方舟内部有七个船舱，分为三层，里面还有不少隔间，看得出有些是人类生活用的，还有一些是用来圈养动物的，这也同诺亚方舟的故事相符。

有发现就会有质疑，尽管探险队的发言人表示虽不敢说这100%是诺亚方舟，但也有99%的可能性。英国牛津大学古代史学者尼古拉斯·普赛尔表示，方舟遗址在4000多米的高山之上，那么当时欧亚大陆的水位也应当有那么高。可当时存在的米索不达米亚文明和古埃及文明为什么还可以得到发展呢？2010年5月，一位叫兰德尔·普莱斯的宗教学教授更是直接声称方舟遗址的发现不过是一场骗局，所谓方舟遗址的照片都是在黑海某地拍摄的，而在2008年夏天有10名库尔德人告诉他，一名香港人聘请的向导给他们的一份工作是让他们把黑海附近的木梁搬到阿勒山山洞去。

如果方舟不在亚拉腊山上，又会在什么地方呢？近年来有一种说法，那就是停靠在山顶的方舟很可能因为黑海的水位上升而沉入了黑海海底。这个说法同样引起了不少探险家的兴趣，一位美国深海探险家罗伯特·巴拉德博士表示非常希望有机会寻找方舟的下落。当他听说方舟有可能在黑海海底时，马上就提起了兴趣，打算亲自前往黑海，一探究竟。

如果方舟真的沉入了黑海，这将会是考古界的福音。黑海虽名叫海，但其实只是一个巨大的淡水湖，远古时期黑海与地中海有着一道天然的堤坝——博斯普鲁斯海峡。根据科学家推断，地球冰河期的海平面比现在低很多，但随着地球表面温度的升高，海平面也随之上升，地中海与黑海之间的水位差很可能高达500米。后来，两者之间的堤坝由于某种自然原因垮掉了，地中海的海水大量涌入黑海，最终使水平面达到了一个平衡。

如今，黑海与地中海有水道相通，但黑海还是相对封闭的。欧洲大陆的多条河流流入黑海，让黑海的上层有一个稳定的淡水带，在这里生存着许多水生动植物。黑海的下层跟上层则截然不同，不仅是咸水，而且是不流动的咸水。这些不流动的咸水因为其停滞的特性，形成了一个特殊的

"真空"环境，不仅没有动物，更是连微生物都没有。不管是船只还是物品，哪怕是动物的尸骸，沉入到黑海下层后，都会处在一个无菌的真空环境，不会腐烂。假如方舟真的沉入了黑海，那么极有可能得到完整的保存。

究竟香港探险队在亚拉腊山发现的是不是方舟？或者方舟真的沉入了黑海？随着时间的推移，科技的进步，终有一天人类将揭开这个谜题。当方舟谜题揭开的一瞬，许多类似史前大洪水等争论不休的问题也将会被划上一个句号。

第二章
是预言还是谣言

在人类发展的长远历史中，关于对未来的预测总是层出不穷，到底是预言还是谣言？世界上是否真的有人能窥探天命？冥冥之中又是否有一种超自然的力量在左右着人类的命运？

帝王与预言：天命？阴谋？

在科技水平不甚发达的古代，对于大自然的变幻莫测，人们心中总是存有敬畏，认为自然天象与事物之间是息息相关的，任何异象都是上天给予人们的一种启示。大约也正因为如此，古代的帝王将相们的命运，也总是被人们和一些异象联系在一起。

罗马帝国史上有一个知名度颇高的皇帝尼禄，他以极其残忍和暴虐的行为在历史上留下了浓重的一笔。

尼禄是古罗马一个十分显赫的家族——多密提乌斯家族的一员，这个家族在罗马帝国时期堪称最炙手可热的权贵之家，但同时，这个家族也出现了许多劣迹斑斑的淫棍和恶霸，尼禄骨子里的暴虐和淫乱或许正是来自于"家族遗传"。

据说尼禄出生的时候，正是太阳从东方升起的时候，一缕阳光照在了这个呱呱坠地的孩童身上，那一刻，尼禄的父亲心中突然感到一阵慌乱，觉得这并不是一个好兆头。当亲戚朋友们纷纷来庆贺新生命诞生时，尼禄的父亲出人意料地高呼道："人类的憎恶与痛苦将会在我和阿格里皮娜身上降生！"阿格里皮娜是尼禄的母亲，似乎从一开始，尼禄的父亲就已经预感到了儿子非同寻常的将来。

根据罗马的传统，那个时候贵族家庭在有孩子诞生的时候，都会找来一些有名的预言家，为新出生的孩子预言一下前程。虽然尼禄的诞生让父亲相当不安，但尼禄的母亲还是按照传统，为他找来了几位当时在罗马最有名的预言家，为儿子预言一下前程。

在预言结束后，被邀请来的几位预言家异口同声地给出了一个非常恐怖的预言，他们声称，这个男孩将会成为罗马至高无上的统治者，他将残暴不仁，并最终杀死自己的母亲。

对于这个恐怖的预言，人们多半将信将疑，但令人意外的是，十几年之后，这些预言竟然一一实现了。

尼禄的母亲阿格里皮娜是个美丽而富有野心和手段的女人，在尼禄降生数年后，他的父亲就去世了，阿格里皮娜之后改嫁给了当时的罗马帝国皇帝克苏狄，尼禄也因此而有了"皇子"的身份。几年之后，克苏狄因病去世（也有不少人相信他的死与阿格里皮娜有关），在阿格里皮娜的支持下，17岁的尼禄继承王位，成为了罗马帝国的皇帝。第一重预言就这样实现了。

成为皇帝之后的尼禄完全继承了多密提乌斯家族的荒淫残暴，就如同预言所说的那般，他成为了罗马历史上著名的暴君。谈起尼禄的恶行，一位伟大的历史学家曾这样总结道："尼禄继承了他的母亲，并吃掉了她；他强暴了他的妹妹；将罗马的12个街区付之一炬；处死了赛内卡；在十字架上钉死了圣彼得，把圣保罗的头颅砍掉；他的统治持续了13年零7个月，最终葬身狼腹。"尼禄的荒淫残暴令人震惊，在他统治时期，人命贱如草芥，他可以随随便便就处死一个人，甚至他的老师赛内卡也是被他残忍地剁下双手之后处死的。更令人感到震惊的是，就如预言家所说那般，最终尼禄这个混世魔王确实杀害了自己的母亲。

尼禄一生的轨迹完全如同预言家们所预言的那样，这实在令人惊奇，这究竟是命运还是巧合？预言家确实拥有窥探天命、预测未来的本领吗？对于这一点，有许多人深信不疑，但同时也有很多人抱持怀疑态度。至于历史学家们，则更愿意以科学的态度来对待这个神奇的预言。

在历史学家们看来，尼禄一生的轨迹是由其家族的情况以及罗马帝国内部激烈的权力斗争所决定的，而所谓"预言"实际上并不具备什么力量，甚至可以说是一种巧合，或者牵强附会。尼禄的母亲阿格里皮娜是个非常有野心和控制欲的女人，在尼禄继位之初，罗马帝国的政治权利实际上依然控制在阿格里皮娜的手中。尼禄想要成为名副其实的皇帝，就必须和母亲展开抗争。感受到儿子的忤逆让阿格里皮娜很愤怒，为了给尼禄施加压力，她曾公开威胁，要让尼禄同父异母的弟弟不列塔尼库斯来代替他，这让尼禄惊怒之下毒杀了年仅14岁的弟弟。此外，阿格里皮娜还一度对尼禄的婚姻横加干涉，导致母子离心，最终促使尼禄做下了弑母之事。

类似尼禄这样的预言现象在古代是非常常见的，但凡是帝王将相，几乎都会被和"异象"联系到一起。比如中国秦朝末期流传的"亡秦者胡也"之说；汉朝时期高祖刘邦是"赤帝子"的传说；唐朝时期太白金星现异象，道士李淳风预言"唐中弱，有女武代王"等等……

但实际上很多时候，对于普通大众来说，他们大都只看得到事情发展的表象，而不能深究其发生的根源，所以很多事情看上去似乎就显得非常玄乎了，但实际上，世界上发生的大多事情都能找到前因后果，预言家们所拥有的，未必就是窥探天命的本领，更可能是看破人心、看透世事的通透。

著名作家的预言：珍珠港事件

在第二次世界大战的时候，曾出现过许多令人费解的神秘故事，其中所存在的许多奇异巧合，直到若干年之后依然让人百思不得其解，而其中留下最多谜团的，当属第二次世界大战期间的美国珍珠港事件。

珍珠港是美国在夏威夷群岛上的一个重要港口，同时也是美国海军在太平洋海域上设施最好、规模最大的安全停泊港口,在美国的地位可见一斑。

1941年11月26日的时候,日本海军突然发动了一场空前盛大的"军事演习",出动了一支由6艘航空母舰所组成的舰队,其中包括2艘战列舰、3艘巡洋舰、9艘驱逐舰以及3艘潜艇,这支日本舰队的目的地就是珍珠港。

12月7日,这支舰队顺利躲过美国的雷达侦测系统,抵达了珍珠港附近,并正式接到了偷袭珍珠港的军事指令。

对于日本方面来说,此次任务完成得非常成功,在不到两个小时的时间里,日本敢死队一共向珍珠港投放了144吨炸药,击沉美军各式舰艇共40多艘,给美国海军造成了难以想象的重创。唯一幸运的是,美国海军的3艘航空母舰当时并未停泊在珍珠港,这才躲过一劫,为美国海军保存了一些实力。

此外,在此次偷袭中,美国方面还损毁了265架飞机,造成数千人伤亡,原本歌舞升平的珍珠港在战争的硝烟中也变成一片废墟,处处都是断臂残肢,宛如人间地狱。强大的美国太平洋海军部队在这一重创之下几乎完全丧失了战斗力。而与美国相比,日本方面的损失几乎不值一提,只有29架飞机被击毁,79架击伤,损失55名飞行员、5艘袖珍潜艇,另外还有一艘袖珍潜艇被俘。

珍珠港事件让美国彻底卷入了第二次世界大战,同时也成为了第二次世界大战的一个关键转折点。而此次珍珠港事件中所存的一些疑点,也一直令人百思不得其解。

首先，虽然为了成功偷袭珍珠港，日本舰队在行军途中关闭了一切通信设备，但在当时，美国的各种仪器显然都要比日本先进得多，为什么完全没有侦测到入侵的舰艇呢？

其次，据说在珍珠港事件爆发前，美国海军准将米切尔就曾准确地预言过这一事件。米切尔表示，日本将会于1941年12月7日晚上8点发动对珍珠港的袭击。据记载，日本偷袭珍珠港的准确时间只比米切尔所说的晚了20分钟。

此外，据说国民党军统曾经截获过一纸来自日本方面的密令，并成功破译，而这纸密令正是与珍珠港事件有关的，当时国民党高层官员还特意将这一重要消息反馈给了美国方面，但不知为何，却没有引起相应的重视。

最后，也是最让人感到不可思议的是，早在珍珠港事件爆发的几十年前，美国著名小说家霍曼·赖所出版的一部作品《伟大的太平洋战争》中就已经将日本人偷袭珍珠港的事件描绘得一清二楚了，其中包括日本舰队行军路线，以及偷袭珍珠港的具体作战方式等等，几乎都一模一样。

这部作品出版的时候在美国并没有受到重视，那时美国人对太平洋战争并没有太大的兴趣和热情，美国官方对于这部作品中的高谈阔论甚至嗤之以鼻，将其视为无稽之谈。这让霍曼·赖一度感到非常失望和沮丧。

与之相反的是，这部作品在日本却引起了轰动，据说当时山本五十六在阅读过这部作品之后，便建议日本海军应当人手一本，并要求部下对该作品中所提到的战略战术进行深刻地学习研究，做到学以致用，将这些理论应用到战场之上。而山本五十六正是偷袭珍珠港的主要负责人。

究竟是霍曼·赖成功"预言"了珍珠港事件，还是他的作品给予了日本人灵感，"促成"了珍珠港事件，现在恐怕谁也说不清楚了。

但不得不说，珍珠港事件中存在的众多疑点和征兆使得这一事件始终蒙着一层神秘的面纱，让人捉摸不透。有不少日本方面的军事专家以及历史学家都认为，珍珠港事件不过是美国的一出"苦肉计"，是一场美国"意料之中"的偷袭。美国人早已经洞悉了日本的一切行动，他们故意放任，甚至有意地忽略了一切不同寻常的"征兆"，促使日本成功偷袭珍珠港，为自己加入战争制造了一个惨痛而顺理成章的借口。否则那3艘原本应该停留在珍珠港的航空母舰也就不会平白无故地开出珍珠港了。

恐怕这世上也无人能够给出准确的答案了。

科学笑谈：哈雷彗星撞地球

人类的骨子里或许天生就存在着一种无法根除的悲剧色彩，古往今来，各式各样的"末日论"从未停止过，而在这些五花八门的论点中，哈雷彗星撞击地球无疑是最广为人知的末日论之一。

哈雷彗星是英国天文学家哈雷发现的，故而之后人们为纪念哈雷，将这一彗星命名为哈雷彗星。1680年，年仅26岁的哈雷在法国旅游期间，无意中发现了有史以来最大的一颗彗星。两年之后，天空中再一次出现了一颗庞大的、用肉眼便能清晰辨认的彗星，这颗彗星的后面还拖着一条长长的"尾巴"，它很快就引起了天文学家们的关注，当然，这其中也包括哈雷。

哈雷对这颗神秘的彗星很有兴趣，详细记录了它的运动轨迹，之后哈雷惊讶地发现，这颗彗星实际上并非首次出现。通过查阅大量的资料，哈雷找到了关于这颗彗星的一些记载，他发现，1607年、1531年、1456年、1378年、1301年、1245年等等年份都有观测到这颗彗星的资料。根据所得信息进行推论之后，哈雷计算出了这颗彗星的运动周期，并断言，在1758

年的时候，这颗彗星将会再次降临地球。此后，哈雷又经过观测认为，在木星的影响之下，这颗彗星再次出现很可能会比预测晚一年。对于哈雷的说法，当时主流的科学界嗤之以鼻。

1758年圣诞节的时候，一位德国的天文爱好者率先观测到了这颗回归的巨大彗星；次年1月21日，法国天文台的梅西叶也观测到了这颗彗星。事实证明，哈雷的预测完全正确。因此，为了纪念哈雷，这颗彗星最后被命名为哈雷彗星。而在哈雷研究的基础上，随着科学技术的不断发展，人们对于哈雷彗星的研究与认识也在不断加深。

那么，哈雷彗星为什么和世界末日扯上关系了呢？这还要从《纽约时报》上所刊登的一篇报道说起。

1881年，随着光学技术的发展，一位天文学家惊讶地发现，哈雷彗星漂亮的"长尾巴"竟包含着致命的毒气——氰。最初，这一发现并没有引起太大的轰动，直至《纽约时报》上刊登了一篇关于哈雷彗星的报道，提醒人们这一危机的存在，这才引起了恐慌。

据当时天文学家预测，1910年5月20日的时候，哈雷彗星将抵达近日点，和地球之间的最短距离将会缩短至2500万千米。基于这一结论，《纽约时报》在报道中大胆预言称，届时哈雷彗星的慧尾将会扫过地球，整个地球将持续数月被笼罩在一片氰气之中。如果这一预言成立，那么就意味着人类将迎来末日，地球将一片荒芜。

这一报道立即引起了广泛关注，许多媒体纷纷转载，甚至有不少报纸还特意聘请了专家对这一世界末日展开一场大推想。一时之间，哈雷彗星成为了"恐怖"的代名词，美国民众陷入了集体恐慌，似乎世界末日已经来到眼前。许多人对此深信不疑，有人开始纵情享乐，极度纵欲，甚至还有人因为恐惧死于氰气笼罩，而在彗星到来之前选择了自杀。

1910年5月19日傍晚，一个炫目的星团悄然从地平线上升起，长长的尾巴划过天空，如同一把巨大的扫帚一般。这一现象持续了很久，但让人意外的是，没有发生任何事情，几个小时之后，天空就恢复了平静，人类没有毁灭，地球上任何生物都没有受到丝毫的影响。这场引起人们极度恐慌的"世界末日"，就这样平静地过去了。而"哈雷彗星撞地球"则成为了一场令人啼笑皆非的"科学"笑谈。

虽然对于哈雷彗星的恐怖预言最终被证实不过是笑话一场，但这颗每76年就光顾地球一次的"常客"始终让人们感到不安，总有人认为这是末日的审判。

彗星不仅在西方国家不受欢迎，在东方的中国同样如此。中国古代将一些命运不好的人唤作"扫把星"，认为这样的人会带来"灾难"，而"扫把星"的得名，实际上就是来自于带着长长"尾巴"的彗星。中国古代的命理学家们认为彗星是凶星，当天空中出现彗星的时候，往往预示着不好的事情将会发生，他们常常将彗星与人间的战事、瘟疫、饥荒、洪水等等灾难联系在一起。

在可查阅的资料中，中国关于哈雷彗星的记载最早可以追溯到商周时期，史书记载："武王伐纣，东面而迎岁，至汜而水，至共头而坠。彗星出，而授殷人其柄。时有彗星，柄在东方，可以扫西人也。"而在其后长达数千年的历史长河中，哈雷彗星的每一次现世几乎都有文字记载，并惯常作为所谓的"预兆"与一些事件或灾难联系在一起。

此外，还曾有人借哈雷彗星慧尾扫过地球之说，通过出售所谓的防毒面具和"彗星药丸"得利，也有人趁机大量倒卖瓶装氧气。但无论如何，事实上直至今日，哈雷彗星每一次的出现，除了为天空增添一道亮丽的风景线之外，的确不曾对生存在地球上的生物造成过任何影响，平白顶着"扫把星"的名头，确实令人哭笑不得。

来自"天堂之门"的警示

在广袤无垠的宇宙中，背负着各种不祥之兆名声的，除了哈雷彗星之外，还有一颗同时以两个人的名字来命名的彗星——海尔·波普彗星，这颗彗星也算是与哈雷彗星"同病相怜"了。

海尔·波普彗星是在1995年被发现的，发现者有两位。一位名叫波普，当时他正在亚利桑那州对人马星座进行观测，结果却意外地注意到了另一颗不属于这个星座的天体。波普非常兴奋，直觉告诉他，这是一个全新的、尚未被发现的新天体。于是，在进行光度和位置的观测之后，波普很快通过计算机程序确认了这颗新天体。

巧合的是，几乎在同一时间，另一位名叫海尔的科学家在新墨西哥州对彗星进行例行观测的过程中，也发现了这颗神秘的新彗星，并正式报告给了国际天文学联合会。由于两人发现该彗星的时间几乎一致，最终，国际天文学联合会决定，以海尔和波普的名字共同来为这颗全新的彗星命名，即我们今天所说的海尔·波普彗星。

想要与海尔·波普彗星相见要比哈雷彗星艰难得多，据测算，海尔·波普彗星的运行周期是3000年，真可谓是千年不遇的彗星，无数人终其一生都不会有遇见它的机会。

海尔·波普彗星的出现让天文学爱好者们惊喜不已，他们又能窥探宇宙深处的另一个秘密了。但同时，这颗千年难遇的彗星的出现也引起了无数人的恐慌，这大概是因为它与哈雷彗星一样，有着神秘的"长尾巴"，同时又比哈雷彗星要更加罕见得多吧。

在观测海尔·波普彗星的过程中，许多谣言随之四散而起，甚至有人声称在该彗星的慧尾中发现了外星人的飞船。这些关于外星人降临地球的谣言起初并没有受到重视，它真正引起了强烈的反响和恐慌，是从阿尔特·贝尔的超自然电台播出这一消息开始的。那时候，大多数人对海尔·波普彗星一无所知，在阿尔特·贝尔添油加醋的讲述下，海尔·波普彗星与外星人和超自然能力牵扯到了一起，引起了无辜民众的恐慌。

当下的科学技术还不足以对海尔·波普彗星所带来的各种自然现象进

行详细解读，因此美国宇航局和天文学界并没有人站出来笃定地澄清这一谣言。于是，在一段时间之后，海尔·波普彗星的慧尾隐藏着外星人的传闻不仅没有被澄清，反而影响越来越大。

就在这个时候，一个被称为"天堂之门"的圣地亚哥UFO组织突然跳了出来，借此谣言的机会向世人宣称：世界即将走向毁灭。这个组织曾在长达数年的时间里对不明飞行物进行过探测与研究，而海尔·波普彗星与外星人的谣言之所以能造成如此大的影响力，与该组织的推波助澜不无关系。

随着谣言愈演愈烈，"天堂之门"的成员们也开始越来越疯狂，他们声称，当世界走向灭亡时，唯有属于"天堂之门"的成员才可能躲过一劫，通过一种非常特殊的渠道抵达天堂，而这个所谓的"特殊渠道"，竟然是自杀。1997年3月26日，39名"天堂之门"的成员集体自杀，并在自杀前留下遗言，称将通过这样的方式进入上帝的神域。

海尔·波普彗星所造成的恶劣影响丝毫不逊色于哈雷彗星，而令人无奈的同时也是意料之中的是，直至海尔·波普彗星渐渐远离地球而去，那所谓的"世界末日"，所谓的"天启"也并未到来。传说中藏在慧尾里的外星人，更是从头到尾都没有露过面。"天堂之门"的预言没有实现，所有生物依旧安然无恙。

1997年海尔·波普彗星离开太阳之后持续转暗，天文学家们并没有放弃对它的追踪观测。一直到2005年的时候，海尔·波普彗星已经超越了天王星的轨道，但它仍然还在释放慧尾，通过大型望远镜依然能够观测到它的情况。甚至一直到2006年1月的时候，还有一些日本的天文爱好者在意大利拍摄到了海尔·波普彗星的踪影。

虽然海尔·波普彗星似乎一直在"提醒"人们它的存在，但不得不说，现实已经证明，"天堂之门"的所谓预言或警示，不过又是一次牵强附会的谎言罢了。

神奇的"行星连珠"

2000年5月20日0点，冥王星、天王星、木星、火星、地球、金星和水星齐齐排列在12.6度的范围之内，上演了一场震惊世人的"七星连珠"现象。这是距今为止最近的一次行星连珠。据资料记载，在此之前，上一次发生这样的天文现象是在1965年3月6日9点的时候，当时行星排列角度比现在更小，在9.3度范围内。

2000年这一场七星连珠现象堪称是30年一遇的天文奇观，当然，这30年对于浩瀚无垠的宇宙来说不过只是眨眼一瞬罢了。据天文学者们推算，下一次将要发生的、最为重要的行星连珠天文现象，大约会发生在2149年12月6日凌晨4点钟左右的时候，届时将会有8颗行星连成一线。

行星连珠是非常不容易遇到的天文现象，每个行星在宇宙中都有自己的运行轨迹和运行周期，因此，不同的数个行星能够在同一时间出现在一条直线上，可以说是非常偶然的一种情况，确实值得人们关注。一位美国天文学家曾经通过推演计算得出结论，称如果以小于30度为基准来作为行星连珠的评判标准，那么从公元元年开始，一直到公元3000年的这段时间内，地球上将能够见证到共39次的"七星连珠"现象，每一次该现象的间隔时间大约是从三四十年到上百年不等。因此，在人的一生中，能够见到一次行星连珠，可以说是非常幸运的。尤其是很多时候七星连珠的现象往往都出现在白天，在太阳光的照射下，人根本无法通过肉眼观测到这一现象，因此这一天文现象就更是显得弥足珍贵了。

1962年2月5日曾发生了一次日全食，日食带一直穿过了印度尼西亚和太平洋，更为巧合的是，在此次日全食期间，还同时发生了难得一见的七星连珠现象，这一神奇的天文奇观整整持续了8分钟。

在科学技术不甚发达的年代，任何异象都会引起许多骚动和猜测，在这种骚动与猜测之中，各式各样的预言也就应运而生了。

比如2000年出现的行星连珠现象，就曾被作家理查德·诺纳预言称，该现象将会导致地球被冰川所吞没。而英国的《新科学家》杂志则煞有介事地引用了有"精神考古学家"之称的杰弗里·古德曼的一本作品《我们是地震一带》中的一段预言，称该现象预示着将会发生地震与火山喷发，地球也将因为这些巨大的动荡而断裂成为好几块。当然，目前来看，这些预言在行星连珠之后，都没有发生。

更早以前，荷兰弗里斯兰省也曾出现过类似的预言，并因此引发了一场科技革新。那是1774年的时候，当地一名教区牧师给信众们分发了一本关于世界末日的小册子，小册子中特意提到，行星连珠的现象即将出现，而这将会导致地球的毁灭。这本小册子让当地的信众陷入了难以抑制的恐慌之中，在这样的气氛之下，当地一位业余天文学者在自己家的客厅里按照星星运行的轨道与规律，制造出了一个模拟仪器，试图通过科学的解释来打消人们的顾虑。这台仪器成为了现如今世界上最古老的机械行星仪。

中国古代对于行星连珠现象的记载大约只有两次，一次是在刘邦登上帝位的时候；另一次则是武则天成为中国第一位也是唯一一位女皇帝的时候。大概正因为这种巧合，所以使得行星连珠现象一直在中国古代民间传说中，似乎都预示着所谓"真命天子"的出现。

"七"是一个具有特别意义的数字，在《启示录》中，"七"这个数字曾多次出现，代表着事物的全部，甚至包括了上帝以及他的所有受众。启示录中有许多和"七"相关的内容，比如七灯七星、七角七眼的羔羊、吹七号角的七个天使、七灾七山七金碗等等。因此，在行星连珠的现象中，最能引起人们广泛讨论的，就是"七星连珠"。

此外，中国古代还有"五星聚"的说法，指的是金、木、水、火、土五大行星同时出现于太阳的另一侧，排成一线，也就是"五星连珠"的现象。这种现象在星相家们看来，也是大有门道的，预示着世上将会发生大事情。

当然，必须提到的是，我们所说的这些引起了无数轰动的行星连珠现象，严格来说都是有一定角度差的，这几大行星根本不可能真正出现在一条直线上。此外，根据科学家们的观测和研究指出，当行星连珠现象发生的时候，其对地球产生的引力大概也就只能勉强达到月球引力的1/6000。换言之，行星连珠的出现对于地球而言，是不会有任何影响的；对于其他的行星来说，也不过只是一个错身的巧合，根本不会引起任何变化。行星连珠的神奇之处，大约也只在于对视觉上的冲击了吧。

天火焚城：庞贝的灾难

"我们所有人都将目睹这一刻，地球将在天火之中化作灰烬，从此，一个全新的充满快乐的世界将诞生。"古罗马著名哲学家塞内加如是说道。于是在这则预言的影响之下，当公元79年，维苏威火山突然喷发，将庞贝城埋葬在火海之中的那一刻，古罗马人几乎都认为，这是世界末日来临的先兆。

庞贝城始建于公元前8世纪，在公元前3世纪的时候，被罗马人划归到了自己帝国的版图之中。随着罗马帝国的日益强大，庞贝城也日渐繁荣起来，并发展成为当时世界上最繁华美丽的城市之一。在那个年代，庞贝城就如同天堂一般，生活在这里的人们拥有着坚固的城墙与战车，享受着民主的政治与富足的生活，可谓乐享天伦。

然而，很多时候美好的东西似乎总是不容易长久的，幸福的尽头往往潜藏着难以预知的灾难与痛苦。公元79年8月份的一天，在毫无预兆的情况下，灾难从天而降——维苏威火山喷发了。

那一天，烈日当空，闷热的天气让人感到不太舒适，庞贝城的人们依然如往日一般，做着生活中最寻常的事情，没有任何人会想到，这看似平凡的一天会成为毁灭性的一天。事实上在这一段时间内是发生过几次小地震的，但由于情况并不严重，因此并没有人将它放在心上。就在这一刻，不远处的山顶上突然升腾起了一块形状奇特的云朵，如同一棵巨大的平顶松树般遮天蔽日。突然之间，一声震耳欲聋的爆炸声惊醒了这座城市，由此拉开了这场灾难的序幕。

可以想象一下，那从火山深处喷涌而出，足足有万米高的岩浆，如同上帝降下的天火一般，将整个天地都笼罩在一片火海之中。那火焰，如同闪电般炸裂开来，吐着吃人的"蛇信子"，将繁荣的庞贝城吞噬殆尽。火山灰、碎石块，全都燃着熊熊火焰，如同地狱而来的恐怖军队一般，吞噬了村庄、农田，向着庞贝城隆隆而来……那景象，的确如末日一般。

在维苏威火山爆发的18小时之后，这座古罗马帝国最繁荣的城市彻底被埋葬到了厚厚的火山灰和灼灼的烈焰岩浆之下，从此一切的痕迹消失了。而到千百年之后，当人们重新发掘这座曾辉煌一时的古城时，也只能叹一声物是人非，独余一座空城让人凭吊了。

庞贝城坐落于维苏威火山的南面，这里如同天堂一般，物产丰饶，每一寸土壤之中都蕴藏着丰收的力量。然而那时候人们并不知道，这里肥沃的土壤与宜人的气候几乎都来自于这座火山的赐予，正是维苏威火山千百次的喷发，让这里充满了营养肥沃的火山灰，也正是这些得天独厚的条件，造就了庞贝城的繁荣与富饶。可谁也不曾想到，却也正是这座滋养了庞贝城的火山，最终埋葬并毁灭了这座千古城市。

塞内加的预言中说"地球将在天火之中化作灰烬"，因此，在庞贝城遭遇天火焚城的那一刻，古罗马人几乎都以为，这个恐怖的预言将要成真，世界末日将以庞贝城的毁灭拉开序幕。但最终事实证明，这位著名的哲学家实际上只预言对了一半，"天火"毁灭了庞贝城，对于庞贝人来说，这是一场逃无可逃的末日；但除了庞贝之外，世界依然还是安然无恙。

站在科学的角度上来说，维苏威火山的爆发完全是在情理之中的，与所谓的预言根本毫无关系。

自原始状态进入文明社会之后，那些源自于先祖们的神话就成为了古罗马帝国维系统治的精神力量。那时候神庙随处可见，人们对各种神明都充满了崇拜与敬仰。在繁华富饶的庞贝城中，修筑了大量的神庙，然而，这些神庙所供奉的神灵们，却没有任何一个能将这座城市从毁灭中拯救出来的。站在大自然的面前，人类始终难以完全掌控它的脾性，预测它的喜怒。

在现如今发现的遗迹之中，从那依旧挺立着的48根庙柱和那气势恢宏的台阶，人们似乎依稀能够看到那些埋藏在历史之下的辉煌。在庞贝城出土的文物之中，有一只刻了字的银杯，上头写着"尽情去享受生活吧，明天总是捉摸不定的"。据说在发现这只银杯的地方，是一个存放着葡萄酒的房间，而房间里还留有一具女性的遗体。

人生无常，天火焚城是庞贝城注定逃不过的灾劫，但可以肯定的是，这与预言无关，与末日无关，这只是一场令人唏嘘的灾难。

"666"：是不祥之兆还是意外？

在很多西方人心目中，"666"是非常不吉利的数字，甚至被认为是"魔鬼的记号"。因此，在历史发展的步伐即将踏入1666年的时候，欧洲大部分人几乎都在心惊肉跳地等待着未知灾难的降临，在他们看来，1666年，那将是一个充斥着不幸的恶魔之年。

不幸的是，在即将进入1666年的头一年，人们所预期的灾难似乎开始了前奏。1665年，伦敦爆发了一场可怕的瘟疫，许多人在这场突如其来的瘟疫中失去了生命，而这场瘟疫的到来也让越来越多的人相信，末日审判即将到来，人们恐慌的情绪也随着时间的流逝愈演愈烈。

说起这场瘟疫，其实就是我们曾听闻过无数次的"鼠疫"。在世界历史上，鼠疫曾多次在多个国家爆发，死者数以千万计，是一种死亡率非常高的传染病。1665年欧洲爆发的这场鼠疫，仅伦敦地区就造成了6万多人的死亡，在短短的三个月之内，伦敦的总人口减少了近1/10。这场瘟疫非常严重，甚至连当时的皇族也未能幸免，出现了不少染病死亡的人。当时，但凡是染上鼠疫的病人，所住的房子都会被打上红色标志，以提醒人们注意远离。为了逃避这场灾难，许多人从大城市纷纷搬迁到了乡下。在这场混乱之中，由于无人管制，垃圾四处堆放，而让人没想到的是，这些四处堆放的垃圾却成为引发另一场灾难的重要推手。

这场瘟疫在许多人心中都留下了难以磨灭的印记，同时也让人们更加恐惧，也更加坚信，真正的恐怖才刚刚拉开序幕。

1666年终于到来了，这一年，伦敦很不幸地迎来了一场莫名的大火，当无情的火焰将伦敦城的上空照映得一片血红之际，人们几乎都认为，"天启"终于要开始了，而伦敦城将很快迎来一场旷世的审判，这场大火正是上帝怒火燎原的开始。

那么，这场炙烤伦敦城的大火究竟是怎么回事呢？到底是一场意外，还是"666"所带来的不祥预兆？

事实上，在发生这场大火之前，国王查尔斯就曾致函给伦敦市长，特别督促他做好伦敦市的灯火管制工作。不得不说，国王陛下当时的提醒是非常有建设性的。但很可惜，市长的工作显然让国王陛下失望了。

1666年9月2日凌晨1点左右，敦普丁巷里的一间面包铺失火了。在失火之初，伦敦市长就接到了通知，但那天是星期日，在市长看来，他应该休息，而且不过只是一间面包铺罢了，市长显然并不是那么在意。可没想到的是，一阵大风将面包铺的火焰吹向了几条周围几乎全是木屋子的狭窄街道。之前我们说过，由于前一年的瘟疫使得伦敦市区在缺少管制的情况下，四处堆放着生活垃圾。而此时，这些堆放在街道和巷子里的垃圾显然成为了最好的"燃料"。于是，火势大规模地蔓延开来，一直烧到了泰晤士河畔北岸的仓库里。不多时，整个伦敦城仿佛都陷入了一片火海的包围之中，一发不可收拾。

这场大火整整持续了4天之久，烧毁了87间教堂，其中包括有名的圣保罗大教堂，还有44间公司以及13000多间民宅，整个伦敦城大约六分之一的建筑物都在大火中被烧毁，300公亩的土地就这样化为焦土，甚至连一些古墓都没能逃过此劫。

不幸中的大幸是，据记载，在这场可怕的火灾中只有5人死亡，大部分的市民都有着充分的时间来逃离火灾区。这场大火造成伦敦城损失了大约1000万英镑，根据当时的经济状况来看，伦敦市当年的年收入大约是12000英镑。理论上来说，如果要完全弥补此次灾难中造成的损失，至少需要800年。

当然，这场大火也为伦敦带来了一些好处，它让许多潜藏在伦敦城下的数量庞大的老鼠群葬身火海，切断了1665年以来困扰伦敦许久的鼠疫问题。很显然，虽然这场大火让数以万计的人无家可归，也让伦敦市蒙受沉重的经济损失，但却没有带来世界末日。

而经过调查之后，人们发现，这场火灾的来源并不神秘，更与"恶魔"什么的毫无关系，这不过是因为一个粗心大意的面包师在烤完面包之后忘记关闭烤面包的炉子而造成的。当然，虽然官方记载这场火灾中的死难者只有5人，但许多人对此都表示怀疑，甚至有一些人认为，当时的很多尸体很可能在持续的大火所造成的高温中凭空蒸发了，因此，我们永远也无法统计出火灾中真正罹难者的数目。

"666"究竟为何会被认为是不祥的数字呢？它究竟代表了什么？

这还要从《圣经》中的记载开始说。据《圣经》第13章前18节记载，有一只代表了魔鬼的野兽额头上有印记，此外，魔鬼的追随者们额头或者右手上也有所谓的"魔鬼印记"，而这个印记就是"666"。

此外，在《圣经》中，"6"也一直被认为是一个不理想不完美的数字，因此，三个"6"相连，所象征的就是不完美的、失败的、邪恶的。

而《圣经》中之所以认为"6"这个数字不完美，则是因为其对"7"的赞美。"7"在《圣经》中是个非常完美的数字：上帝创造世界用了7天；一个礼拜一共有7天；《启示录》一共有27本等等。

当然，并不是全世界都认为"6"是不幸的、邪恶的。在东方民族看来，"6"就是一个非常吉利的数字，比如中国就一直有六六大顺的说法。可见"6"本身或许并不具备着带来幸运或者不幸的力量，它所代表的意义，主要还是取决于不同的文化背景。

千禧之年的"冰河"危机

理查德·诺纳于1997年出版了一部作品，名为《冰：终极灾难》。该作品中提到，2000年的5月5日，世界末日将会降临。在这一天里，天空将会出现可怕的行星连珠现象，极地冰川将会向着赤道蔓延。诺纳还特别指出，这样的灾难并非第一次降临，曾有数次冰河世纪的到来都是有记载可循的。这是一场真实的灾难，而其将会造成什么样的后果，没有任何人知道。

诺纳的预言曾一度让人们恐慌绝望，但显然，今天再回过头去看，早已过去的2000年并没有给地球和人类带来任何毁灭性的灾难，诺纳所预言的冰河世纪也没有再次光临地球。但即便如此，直至今日，科学家们却都没有忘记对"冰河"危机的警惕。尤其是在全球气候日益变暖的今天，那些常年被冰川所覆盖的地区正在一点点融化，而这必然将会给人类的生存带来不可估量的影响。

那么，在诺纳的书中，他所预言的冰河世纪是怎样的一种场景呢？

首先我们来说"冰期"。广义上所说的冰期指的是大冰期，即地球上气候极其寒冷，极地冰层扩大增厚，甚至中、低纬度地区也出现强烈冰川作用的地质时期。而狭义上所说的冰期，则是指比大冰期要低一个层次的冰期，也就是在大冰期中气候相对比较寒冷的时期。而在大冰期中，气候相对稍暖的时期则被称为间冰期。

大冰期、冰期和间冰期都属于地质时间单位，主要是根据气候来划分的。一般说来，大冰期的持续时间相当于地质年代单位里的世或者大于世，而两个大冰期之间的时间间隔往往可能是几个纪。有人根据统计资料曾得出结论，称大冰期的出现周期是1.5亿年。

在地质史数十亿年的发展上，全球至少曾经出现过三次大冰期，公认有记载可循的分别是前寒武纪晚期大冰期、石炭纪一二叠纪大冰期以及第四纪大冰期等。

通常来说，我们所提到的"冰河时代"，主要指第四纪大冰川时代，因为这是离我们最近的大冰期，在地貌以及沉积物等方面留下的可以用于研究的痕迹也是最多的，通过这些痕迹，我们能更加详细地了解当时的情况。这样的大冰期覆盖范围十分广泛，甚至一度曾扩张到赤道附近的南非、印度以及澳大利亚等地，而根据科学家们研究的发展观点来看，地球上依然可能在未来再次迎来大冰川时代。因此，诺纳的预言在当时来看，并非是毫无根据的预测，相反，在很多人心中，这一灾难的来临都是有着一定科学依据的。

诺纳并不是世界上第一个提出冰河危机和世界末日等观点的人，在大约1999年的时候，人们笼罩在一片"世纪末情节"之下，各式各样的末日论观点甚嚣尘上。而那其中，最有信服力同时也最科学的，正是关于冰川融化，人们将再次迎来冰河世纪这一论点。

此外，一项据说是来自于海洋学家和气候学家的研究表明，在冰川融化的同时，一些被冻结的恐怖病毒将会被释放。这些病毒目前被"关押"在一个"魔瓶子"里头，一旦开启，后果不堪设想。数万年以来，地球上的季风一直在将热带的海水送往南北两极，与海水一同被送走的，还有各式各样的矿物质以及浮游生物和动物的尸体等。这些东西被长期冻结在了南北两极厚厚的冰川之下。而在冰川下与之一同长眠的，还有那些早已经随着历史的变迁在地球上销声匿迹的可怕病毒。试想，一旦有一天冰川融化，那么这些病毒必然将会重新被释放出来，为人类带来灭顶之灾。毕竟，眼下世界的人类对那些早已消失的病毒是完全没有任何免疫力的。

世界上真的存在历经了几千甚至几万年依旧存活着的病毒吗？很不幸，这一点的确被证实了。格陵兰岛上专门研究冰层的科学家们曾从冰川与冰原深处取得了大约13000年之前的冰层样品，并在这些样品中发现了一种能够攻击植物的细菌病毒，这一发现令人惊骇。这意味着，在适宜的温度和环境中，这些被冻结在冰层中长眠的病毒和细菌将会再次被激发，迅速繁殖并传播开来，而且可能在传播的过程中发生变异，引起大规模的灾难和疾病，甚至可能导致某些物种灭绝。

值得庆幸的是，至少到目前为止，这种担忧尚没有发生。但这也并不意味着，危险就完全不存在。

在将近50亿年的时间里，地球一直都维持着相对稳定的状态，有条不紊地进行着自转和公转。但这种状态能不能一直稳定持续下去呢？谁也不知道。在短时间内，地球上的环境与气候应当不会发生重大巨变，但也不排除是否会发生某些低概率事件。那些古老冰层之下的危机始终存在，正如美国纽约州锡拉丘兹大学的斯塔摩尔教授所说的："尽管我们还不能确定，会有多少病毒重返现代文明社会，也不能确定这些古老的病毒之中，究竟有多少会威胁到人类的生存，但确定无疑的是，总有一天，这一切都将会发生。"

当然，也有很大一部分科学家对此抱持乐观态度，他们认为这一灾难出现的可能性十分渺茫，我们根本不必要杞人忧天地去担忧这件还未并且很可能永远不会发生的事情。

除了这些古老而危险的神秘病毒之外，另一冰川融化将会带来的灾难同样令人心惊不已。科学家认为，全球气候如果持续变暖下去，冰川加速融化之后，将会导致海洋暖化，从而释放出大量的天然气，而空气中如果天然气的含量过高，那么将会造成中毒。

已经过去的千禧年虽然并未迎来诺纳所预言的"冰河"危机，但这并不意味着人类彻底安全了，无论如何，保护环境、保护地球都是我们必须承担的责任和义务。

匪夷所思的"千年虫审判日"

根据《圣经》里的记载，千禧年被认为是一个非常特别的日子，那时世界将会发生翻天覆地的变化，人们将迎来末日审判。也就是说，在很多西方人心中，千禧之年正是末日审判之年。

而不得不说的是，这一段时间也确实称得上是多事之秋，除了让人们心惊胆颤的"冰河"末日理论之外，还有让人难以忘怀的"千年虫事件"。

说到千年虫，大约每一个会用电脑的人都不会感到陌生。在这个计算机终端设备以及普及到万千用户的时代，人们对于电脑的依赖程度与日俱增。可以想象，一旦没有电脑，人类便捷的现代化生活方式将会无法持续运转下去。可见，计算机世界已经和现实世界的社会生活有了不可分割的联系，一旦计算机出现危机，那么整个人类社会必然也会陷入瘫痪。

1988年的时候，互联网世界出现了一次大风暴——电脑"蠕虫"，这一麻烦一直延续到了千禧年，而正是这一互联网世界的危机，让人们再次联想到了千禧之年的"世界末日"，因此，还有人将千禧年定义为"千年虫审判日"。

严格来说，这种电脑"蠕虫"实际上是一种电脑病毒。这种病毒的特点是，把自己复制成为二进制形式的文件，并通过远程登录、文件传播以及电子邮件等方式进行传播。这些程序拥有自己的加密设定，并以文件的形式"潜伏"在电脑根目录之下。用户即便手动将其删除，下一次电脑启动的时候，它们还会重新产生。

这种病毒很快便袭击了整个国际互联网，数千台计算机被感染，整个国际互联网络趋于瘫痪，全世界都陷入了对这一计算机病毒的恐慌之中。这些"蠕虫"不但会大规模地进行自我复制，同时还能蚕食并破坏计算机系统，直至其瘫痪。当时，作为世界一等一的计算机公司IBM就曾因为感染了"蠕虫"病毒而不得不将其35万台计算机关闭长达三天。而这场"蠕虫"风暴，直接导致了10亿美元的经济损失。

这一病毒最终被专家攻破了，但出人意料的是，计算机系统本身所存在的危机并未被消除，而这一危机在世纪末的时候完全爆发了。

众所周知，当时计算机系统的大部分软件都是采用公元年份之后的两位数来表示日期的，比如1998年12月22日在系统里就表现为98/12/22。这种计算机二进制的表现方式能够节省内存，同时也便于计算。但问题来了，这种纪年方式下，"00"的意义变得模糊起来，它既可能表示"1900"，也可能指的是"2000"。这就意味着，在这样的计算机纪年模式下，一旦进入2000年，计算机将会无法正确识别日期，或者出现某些有关的计算错误。我们知道，对于很多依赖计算机的工商业而言，一个小小的计算失误，就可能造成难以弥补的重大损失，甚至引起行业内部瘫痪。

新世纪即将来临，人们也终于意识到了潜藏在计算机系统里的这一严重危机。1997年，在"蠕虫"事件之后，电子计算机界再一次拉响警钟，"千年虫"危机再次引起了全球关注。

"千年虫"危机到底会带来多么严重的后果呢?

举例来说，比如在金融业，进入2000年之后，银行的电脑系统很可能会将"00"定义为1900年，如此一来，金融业中所涉及到的利息计算将会出现混乱，更可怕的是，电脑很有可能会将一切1900年之后的数据记录自动消除。此外，自动取款机也将会拒收"00"年的提款卡。而在电信行业，如果你在1999年12月31日晚上23点59分打了一个三分钟的电话，那么账单很可能会将这三分钟识别为100年。

无论如何，"千年虫"危机的确让所有人都感到惊慌失措，他们不知道，当电子计算机系统一片混乱之后，究竟会引起多大的动荡与灾难。这种恐慌结合着人们的末日情绪，很快传遍了整个欧洲，乃至整个世界。有不少人购买了枪支弹药用来自保，甚至还有人挖好了地道作为避难所。

在一片恐慌之中，2000年的钟声敲响了，千禧年来临了，但末日并未来临，人类依旧安稳地生存于这个星球之上。是的，在新年钟声敲响之前，计算机领域的专家们已经克服了关于系统中所存在的二进制纪年问题，自然也就将"千年虫"扼杀在了摇篮之中。

但有趣的是，虽然末日并未随着千禧年的到来而降临，但"千年虫"的危机却也并未因此而消逝。

2010年，当"千年虫"危机沉寂10年之后，竟然又再一次悄然现身了。根据网络消息显示，德国银行协会发出警告，称在进入2010年之际，超过2500万张德国银行卡将可能遭到类似"千年虫"软件漏洞的损害，致使电脑芯片无法对"2010"年份进行识别，一旦出现这种情况，那么自动取款机将无法正常使用，此外，在德国境内甚至境外分行进行取款或用卡消费的银行客户也将受到影响。

为了应对这一突发状况，德国银行启动了人工批准流程，最大程度上保证了经济的正常运转。但即便如此，在相隔十年之后，类似的漏洞却再次出现，实在令人感到匪夷所思。或许再精密的机器，也总会存在难以预估的漏洞吧。

"人造黑洞"引发的科学恐慌

　　2009年9月，大型强子对撞机正式启动的时候，不少批评者们纷纷站出来，预言说这台世界上最大的粒子加速器将会制造出一个黑洞，而这个黑洞将最终吞噬整个世界，为人类带来世界末日。这一关于"人造黑洞"的传言很快就沸沸扬扬地传播开来，引起了一阵恐慌。

　　黑洞是宇宙中的恒星随着其自身质量的逐渐消亡而演化成的一种星体，由于其引力非常强，连光也无法逃脱，因此得名"黑洞"。它就好像是宇宙里的无底洞，任何东西只要落入其中，就再也无法逃脱。由于黑洞同样能够吞噬光，因此，肉眼是无法观测到黑洞的存在的。科学家判定黑洞的存在往往是通过探测其对周围其他天体的作用和影响来进行推测的，黑洞是宇宙中极其神秘、引人遐想的天体之一。

　　人类的恐惧往往源于未知，黑洞的难以探测和神秘特质显然非常具备引发恐惧的特质。那些抱持"人造黑洞"末日论调者们认为，那台大型强子对撞机将会产生一个人造黑洞，这个黑洞会从周围的微小物质开始，不断吞噬，不断扩大，最终形成一个足以吞噬整个地球的巨大黑洞。对于这一论调，有不少科学家都表示极其可笑，他们纷纷站出来辟谣，在科学家们看来，这台强子对撞机不过就是一台粒子加速器，制造出黑洞的概率几乎为零。但即便如此，也始终未能打消人们对于黑洞的恐慌。更令人感到哭笑不得的是，2008年春天的时候，甚至有一批独立科学家站出来向法庭提起了诉讼，要求法庭下达强制令，阻止这台强子对撞机的运行。

显然，最终这台机器还是成功运转起来了，而事实也证明，直至今日，人们所担心的"人造黑洞"也没有出现，地球自然也并没有被任何东西所吞没。

关于黑洞吞噬地球的说法一直都是人们所热议的内容之一，英国《卫报》的一篇报导中写道，人类未来70年内可能遭遇的十大灾难中，排行第一的就是黑洞吞噬地球。而美国电影中也曾有过类似题材的作品，比如《黑洞危机》所讲述的正是一个关于利用粒子碰撞原理制造出"人造黑洞"，使得地球陷入被吞噬危机的故事，这一题材与现实中所发生的这一系列事件不谋而合。

关于"人造黑洞"的最初设想诞生于20世纪80年代，是由一位加拿大的大学教授提出的，他认为，声波在流体中的表现情况与光在黑洞中的表情情况十分类似。也就是说，假如流体的速度超过声波的话，那么在该流体中就能制造一个"人造黑洞"。美国一位物理学教授对这一理论进行了研究，但最终该教授认为，"人造黑洞"毁灭地球这一桥段只存在于电影或小说中，在现实里，真正的粒子碰撞即便制造出了"人造黑洞"，也是不可能吞噬地球的。

如今，这台曾引起人们数度恐慌的粒子加速器位于法国和瑞士交界处的粒子物理研究中心，这是世界上最大的粒子研究中心，也因此被称为世界上最大的"黑洞工厂"。在这里，科学家们将通过实验对质子进行撞击，模拟宇宙大爆炸之后一万亿分之一秒内所产生的能量，并对撞击后产生的残骸进行分析，从而探索出物质最本质的线索，寻找自然中新的平衡与力量。

而对于引发了人们恐惧的"人造黑洞"，研究者们表示，即便他们真的能够成功将黑洞制造出来，这个"人造黑洞"的力量也不足以对人类的正常生活产生任何影响和威胁。要知道，所有的黑洞都会不停地释放宇宙射线，而小的黑洞所能吸收到的物质始终是远远小于其所释放的物质的。因此，在它成长为足以吞噬地球的庞然大物之前，它早就已经因为"释放过量"而自动"人间蒸发"了。

该研究所的负责人还曾向众人坦言道："欧洲之所以建立这样一个大型的强子对撞机，只是为了揭开宇宙大爆炸之谜，而并非是打算制造黑洞，给地球带来危机。"

只不过，无论科学家们如何努力地进行辟谣，人们对于"人造黑洞"的恐慌也没有完全消除。甚至依然有一部分科学家认为，人造的黑洞依然存在一定的隐患，很可能脱离科研者的掌控，将整个实验室都吞噬掉，进而不断成长，最终带来永恒的黑暗。

然而事实上，在粒子加速器的运行中，比起"人造黑洞"吞噬地球这一担忧来说，另外的一些危险才更值得人们关注：

第一种危险：重离子在碰撞过程中有可能会引发核爆炸，而核聚变则会导致级联反应的发生，进而毁灭整个世界。这种危险性曾在20世纪三四十年代的时候一直被人们所提及。

第二种危险：出现真空态的跃迁。宇宙实际上并不是一个绝对稳定的态，严格来说，它属于亚稳态，而有一些科学家则认为，它可能会走向一个更低的态。一旦出现这样的情况，那么就很容易引起宇宙的一系列难以预测的连锁反应。

第三种危险：产生某些奇异物质。根据夸克理论原理，平常的物质一般是由上夸克和下夸克所组成的，但此外还存在一种特别的奇异夸克，在粒子碰撞的过程中，很有可能会产生这种奇异的物质态。这种奇异物质形成之后，很有可能会引发连锁反应，使得周围的物质也变成奇异物质。

在科学的范畴内，这几种危险都是无法完全排除的。不过如今人类所制造的粒子加速器，其能量实际上还非常低，相比而言，宇宙射线中的粒子能量比人类所制造的粒子能量要远远高出一万亿倍。因此，相比人类所制造的机器来说，宇宙之中似乎更显得危险重重。

跨越千年的"圣经密码"传说

　　《圣经》中有许多秘密，其中最神秘也最令人好奇的当属"圣经密码"。据闻，所谓的圣经密码正是藏在《圣经》之中的一组能够预示到后世历史发展轨迹的密码，人类社会的发展规律就隐藏在这组密码之下。而圣经密码最与众不同的一点则在于，它并非是由任何神职人员或者预言家所提出的，而是由一位数学家所提出的，正是这一点大大增强了它的神秘感和可信度。

　　据说第一个发现圣经密码的人是14世纪的一位名叫巴切莱尔的人。巴切莱尔非常虔诚，他对《圣经》的痴迷超越了一切，无论身处何方，身边一定带着一本《圣经》，以便能够随时翻阅。有一天，巴切莱尔正在洗澡的时候脑中突然灵光闪现，急忙拿起了身边的一本《圣经》翻阅起来，他的手指停留在了《摩西五经》上，传说中的圣经密码就这样被发现了。

　　原来这本希伯来文的《摩西五经》的字母里头，藏着一种字母密码，每隔几个字母就会有一个"TORAH"的单词出现，这个单词正是人们对《摩西五经》的另一种称谓。这就是圣经密码最早被发现时的场景。

圣经密码的提出除了在宗教界引起一片热潮之外，在科学界也成为了众多科学家争相研究的重要主题，而在这些研究者中，最大名鼎鼎的当属牛顿了。

牛顿是一位非常伟大的数学家以及科学家，他创造了微积分，并发现了万有引力定律。牛顿对神学一直有着浓厚兴趣，在他的著作中，近60%都与神学有关，此外，在宗教学和占星术方面，牛顿也有着非常深厚的造诣。

牛顿对圣经密码非常沉迷，几乎耗尽了一生中的大部分时间来研究它。牛顿曾一度认为，《圣经》不仅仅是一本宗教所信奉的经书，他始终相信，这其中暗藏着人类世界发展变迁的规律与命运。

晚年时期，牛顿几乎将所有时间都投入到了对圣经密码的研究和破解中，据说一直到了临终之时，他都仍在孜孜不倦地从《圣经》中的小细节里寻找神秘的启示。有传闻称，牛顿实际上已经将圣经密码的大部分内容破译出来了，但不知为何，在他去世之后，所有相关的研究成果也就此神秘消失。也有人认为，这是窥探了天机的牛顿在临终之前拜托别人焚毁了所有手稿。

在后来的一些调研中，有人提出，事实上当初牛顿所留下的手稿并没有完全不见，在耶路撒冷的希伯来民族文化博物馆中，保留了一部分来自牛顿的研究手稿。这些手稿都是牛顿晚年时候留下的一些论文，那段时期正是牛顿致力于神学研究的时期。

有人仔细研究过牛顿所留下的手稿内容，发现在论文中，牛顿似乎在用某种计算公式推算一些东西，而在这套复杂的计算公式背后，最后一张稿纸上赫然写着"2060年"，这是否就是牛顿根据圣经密码所推算出来的世界末日呢？

此外，牛顿还留下预言，称世界末日将会伴随战争与瘟疫同来，在那个时候，圣人将再次降临地球，而他也将成为其中之一。

或许在2060年到来之前，我们都无法知道，牛顿所得出的结论是否正确。但不可否认的是，至少牛顿本人，确实已经成为了人类历史中备受推崇的圣人之一。

人们对神秘的圣经密码一直怀揣着敬畏与好奇之心，几百年来，对于它的研究一直不曾终止。

20世纪80年代，以色列希伯来大学的数学家利普斯和物理学家韦斯特姆利用一套数学运算模式，成功从《圣经》中提取到了一串由304805个字母所组成的字符串，并用计算机采取跳跃读码的方式，从这些字符串里寻找到一些关于人名、地名之类的资料，并得出了惊人的结论。

这两位科学家发现，他们从中寻找到的这些信息，竟是自《圣经》问世以来，对人类发展有着巨大贡献的32位伟人的出生与死亡日期，而提取这些内容的字符，都来自于《圣经》中的《创世纪》。这是否意味着，早在《圣经》问世之际，这些后世将会出现的伟人，就已经被预言在内了呢？

这一结论一经发表便引起了轩然大波，耶鲁大学、哈佛大学和希伯来大学的多名数学家以数学方式对这一结论进行了再一次的验证和分析，结果表明，如果这一情况完全只是巧合的话，那么出现这一巧合的概率大约只有二十五亿分之一。经过更详细的测试之后，这种巧合的可能性最终降到了五万亿亿分之一。换言之，这一结论得到了众多科学界的肯定。

在圣经密码引起全世界火热关注之后，《华盛顿邮报》记者多罗宁曾花费了整整7年的时间进行深入调查，并宣称从圣经密码中找到了一组神秘预言，预言称：圣经密码将在1997年被完全解读。

但令人深思的是，正是在1997年的时候，多罗宁根据多年来的采访笔记，出版了一本名为《圣经密码》的书，并在书中详尽地解读了出自《圣经》中的各种预言。这一巧合不得不让人怀疑，当年他所得到的那个"预言"，不过只是为自己的书造势的噱头罢了。

在这本书中，多罗宁还提出了一个十分大胆的预言：2000年到2006年，世界末日将会给地球带来一系列的大灾难。虽然这本书成功登上了当年的畅销书排行榜，但依旧遭到众多科学家的抨击。

此外，许多圣经密码的业余爱好者们还发现，多罗宁所用来解读圣经密码的方法与利普斯等科学家们所用的方法相比，漏洞要多得多。由此可见，多罗宁所谓的根据圣经密码得出的预言，很大程度上不过是牵强附会罢了。这些爱好者们还曾按照多罗宁所谓的破译方法，在其他的一些书本里找到了不少相似的"密码"。

而面对这些批评，多罗宁却一直显得十分镇定，在一次采访之中，他曾犀利地回应称："你们这些批评者们，要是能在《白鲸记》里头找到某位总理被刺杀的密码讯息，那我就相信你们。"

结果，不幸的是，一位来自澳大利亚的数学教授马克奎接受了这个挑战，并成功按照多罗宁的方法在《白鲸记》里解读出了前印度总理甘地被刺杀的讯息。可谓是狠狠给了多罗宁一个耳光。至此，多罗宁和他的《圣经密码》脱下传奇光环，惨淡落幕。

而至于真正的圣经密码是否存在，那些解读出来的讯息又是否真的是所谓的预言，恐怕只能用时间来印证了。

《圣经》里的预言

如果将《圣经》看作是一本预言集的话，很多《旧约》中所提到的预言，最终都在《新约》里得到了应验。

例如关于耶稣将会遭受的磨难，《旧约》中至少有七个地方提到了这些历史性的时刻：

第一处中，神说道："我要叫你和女人彼此成仇，而你的后裔与女人的后裔，也将彼此成仇。女人的后裔会伤害你的头，而你则要伤害他的脚跟。"在这处记载中，与神进行对话的是一条蛇。在基督教里，蛇是撒旦的代表，而其中神所提到的"女人的后裔"，所指的其实就是耶稣。而这一处实际上就是预言，耶稣与基督教，将会和以撒旦为代表的魔鬼们展开生生世世的对抗，并相互仇恨，势不两立。

第二处中，神许诺亚伯拉罕说："万族都要因你而得福。"与此相对应的是，在《新约》中，圣徒保罗说道："所应许的原是向亚伯拉罕和他的子孙说的。神所指的并非是众子孙，而是说你那一个子孙，指着的那个人，就是基督。"耶稣基督是亚伯拉罕的后裔，而根据这一观点来看，耶稣之所以能够获得如此崇高的宗教地位，很显然是因为受到上帝光辉的眷顾。

第三处提到说，处女怀孕。《圣经》中说："因此，主要给你们一个兆头，必有童女怀孕生子，给他起名为马内利。"这里所说的，其实就是耶稣的母亲，圣母玛利亚未婚生子的事情。

第四处讲到了关于耶稣降生的地方。《圣经》中原文说的是："伯利恒以法他，在犹大诸城之中你为小。将来必然有一位掌权人从你那处走出，牧我以色列民。他的根源自亘古，从太初便有。"而耶稣所降生的地方就在伯利恒。

第五处，是讲述犹大因三十块钱出卖耶稣的悲剧。《圣经》中记载道："我对他们说，你们若以为美，就给我工价，否则便罢了。于是他们给了我三十块钱作为工价。耶和华吩咐说，让我将这众人所估定美好的价值丢给窑户。我于是在耶和华的殿中，将这三十块钱丢给窑户了。"这里头的"我"指的便是犹大，而"众人所估定美好的价值"则映射了代表神之思想的耶稣。

第六处讲的是耶稣被钉在十字架上的事情。《旧约》中写道："犬类将我围住，恶党把我环绕，他们扎我的手、我的脚。我甚至能数过我的骨头，而他们则瞪眼看着我。"这里的"我"所指的显然就是耶稣本人。

第七处所描绘的是发生在耶稣被钉上十字架之后的事情。《圣经》中明确提到，在这个过程中，耶稣的一根骨头都没有折断。上帝曾向他的选民们提出要求，让他们献祭一只羔羊，但不能将羔羊的任何一根骨头折断。而在那罪恶的国度之中，耶稣替世人背负了所有的罪过，他其实就是那只"献祭的羔羊"，代替所有人去赎罪。《圣经》中有记载，说原本兵丁们是要将钉在十字架上的人的腿打断，以便让他们能早些断气，但还不等他们动手，耶稣就已经死去了，因此他的骨头并没有被折断。由此便有了这样前后呼应的结局。

除了有关耶稣的内容之外，《圣经》中还提到了大量与后世历史发展轨迹相契合的预言。

比如《旧约》中写道："我要将他们分散于列国，四散于列帮，并按照他们的行动给予惩罚。"而在现实中，作为上帝选民的犹太人，因为信仰不够虔诚而分散到了世界各地。此后，书中又提到说："我将从各国收取你们，由各邦聚集你们，最终引导你们回归本地。"而在后世的发展中，1948年之际，以色列得以重新建国，与《圣经》中所提到的预言发展基本吻合。

此外，《圣经》中所提到的众多预言中，最令人在意，也最令人恐惧的，便是各种有关末日的迹象。

第一个末日迹象是战争。《圣经》中这样写道："你们也要听到打仗和打仗的风声。"这里所涵盖的，不仅仅是陷入战争的国度，同时也是在提醒世人，要注意"打仗的风声"，并最终做出决定，到底是自保还是出面制止战争，而人们的决定将会影响到最终的结局。

第二个末日迹象是内战。《圣经》中这样写道："民要攻打民，国要攻打国。"这一点在当今世界几乎适用于任何一个国家。世界各国几乎都存在民族内部的相互攻讦，这几乎已经算是当下最严重的内政问题了。

第三个末日迹象是天灾。《圣经》中这样写道："多出必有饥荒和地震。"纵观全世界，尤其是非洲地区，饥荒几乎已经成为一种常态。而近年来，地震现象更是四处频发，让人感到难以遏制的恐慌，谁又敢保证这不是末日降临的前兆呢。

第四个末日迹象是基督徒遭到迫害。《圣经》中这样写道："那时，人要让你们陷入患难，并杀害你们。你们则要因我之名，而被万民憎恶。"世界各地，因为信仰的不同，各个宗教之间的相互碾压不是什么新鲜事。在人类发展史上，不同信仰者之间从争执发展到迫害的事件可谓层出不穷，而其中尤以犹太人被迫害的惨案令人难以忘怀。

第五个末日迹象是道德的沦陷。《圣经》中这样写道："因为不法事情的增多，许多人心中的爱渐渐冷淡。""那时人将专顾自己，贪爱钱财、狂傲、自夸……"道德底线的逐步丧失，使得整个社会秩序面临溃败崩塌的危险，当人们逐渐放弃信仰之后，同时放弃的还有自己的未来与希望。这难道不是当今纸醉金迷的社会写照吗？

第六个末日迹象是关于旅游业的兴盛以及知识大爆炸。《圣经》中这样写道："你要隐藏这话，封闭这书。直至末世，必然有许多人来往奔跑，知识也必然会增长。"这里认为，人类文明的发展和知识爆炸将会是世界末日的前兆，这与通天塔的铸造有着异曲同工之妙。在今天，我们确实迎来了高等发达的人类文明以及知识大爆炸，但这究竟是否会成为末日的前兆，只能等时间来作最后的验证了。

虽然实在不可思议，但在众多的科幻大片或幻想小说中，都曾以科技失控所带来的灾难来作为人类文明从巅峰走向覆灭的根源。或许，这些灵感正是来源于《圣经》之中的预言。世界上的事情，总是物极必反，当事物发展到巅峰之际，便也是其衰落的开始，人类的文明巅峰又将会在什么地方呢？

《智慧之书》里的预言

在埃及神秘的金字塔中，人们发现了一部经文，这部经文名为《梅路西》，实际上是《圣经·旧约》的一个原始副本，大约流传于公元3世纪时候的欧洲。经文中有这样一段记载："人们看到有千万只生物在空中打斗。它们长着狮身、人头、牛尾和鹫翅。这些奇特的生物盗走了伊凡卡天神的《智慧之书》，惹怒了伊凡卡天神。于是，他令自己的儿子伏加天神将此圣书夺回。双方在迪拜进行了一场决斗，伏加天神最终取得胜利，将圣书夺回。而那些怪物则被贬下凡间，隐藏在深山与海外，专门找寻那些不善于思考的人，并将他们吃掉。据说，后来那本圣书又再次被偷走，最终藏在了狮子座的附近。"

根据这段神秘的记载，人们在埃及沙漠里的狮身人面像附近发现了一本羊皮卷，它仅躺在狮身人面像足下2米左右的洞穴之中，而更加巧合的是，这一洞穴所面对的方向，正是黄道面狮子座的方向。

这卷神秘的羊皮书手稿是用古拉丁文写成的，大约是公元前8世纪时候的著作，作者署名为丹尼斯。这本书究竟是不是传说中所提到的那本《智慧之书》呢？或许这一点我们永远无法去考证了。

古拉丁文已经几近失传，因此想要解读这本羊皮卷是极其困难的工作。在学者们的努力下，一些章节的内容逐渐清晰地浮现在人们眼前，根据这些被解读出的内容可以知道，这卷神秘的羊皮书实际上正是一本预言之书，而其中所预言到的内容，一直延续到了公元1999年。

历史上一位著名的预言家曾在其著作《诸世纪》中做出过一个很有名的预言，预言说在1999年7月的一天，狮子座、天秤座、天蝎座与金牛座将会在天空中交会成一个巨大的十字架，而在此时，人类的历史将宣告结束。而这部羊皮卷里竟然也出现了极其相似的内容，卷中记载称，狮身人面像其实就是这四个星座的合体，狮子对应狮子座，象征权利，代表了社会中的政治；人面则对应天秤座，象征精神，代表了社会中的宗教；而鹫翅则对应天蝎座，天蝎座在古时也被称为天鹰座，它象征智慧，代表了社会中的科技；牛尾自然对应金牛座，象征财富，代表了一个社会中的经济。

很显然，羊皮卷预示，如果一个社会的组成中的政治、宗教、科技和经济四大支柱发生动摇，那整个人类社会的根基也必然遭遇动荡，甚至崩溃。丹尼斯的这部羊皮卷里，似乎处处都充满了这样的谆谆告诫。

如果这部神秘的羊皮卷确实是传说中的《智慧之书》的话，那么其作者丹尼斯又究竟是个怎样的人呢？

在《智慧之书》的基础上，有人推论称，丹尼斯很可能是一个追求真理的预言家，并发现了关于《智慧之书》的惊天秘密，也是他将自己所知道的所有内容都写在了羊皮卷上，并藏在狮身人面像附近，希望将来能够造福子孙后世。

在研究丹尼斯这个人的身份和人生历程的过程中，人们发现他生前很可能是某个神秘宗教组织的成员，并很可能因为发现主宰该神秘宗教的神将会给人世间带来毁灭性的灾难，从而将自己所预言到的情景用文字记录下来，就是这本羊皮卷的来历。而丹尼斯的做法很可能触怒了该教会，并因此遭到驱逐甚至迫害。教会一直试图追回这本羊皮卷，因此无奈之下，丹尼斯只得将其藏在狮身人面像斯芬克斯附近。

这一说法更多来自于人们的推测，而事实究竟如何，早已经无从考证了。之所以有这样一种推测，主要是因为那个神秘宗教所崇拜的神的形象与有名的狮身人面像竟有几分相似之处。

除了神秘的出处之外，这本疑似《智慧之书》的羊皮卷之所以引起人们的广泛关注，主要还是因为其预言的内容本身。在目前已被人解读出的预言内容中，有很多与历史发展的轨道有着惊人的相似。当然，这也很可能是解读者们有意识或无意识地将其中的一些语句和内容与现实相结合所解读出的缘故。但不管怎么样，这本书的确影响到了许多人。

　　在《智慧之书》中有一则让世人十分恐慌的预言，它提到了一个"恐怖大王"，丹尼斯将这位"恐怖大王"称作希多拉，并宣称，这位希多拉将会在20世纪做出有可能使人类遭到毁灭的举动。更加巧合的是，另一位有名的预言家也曾在其著作《诸世纪》中提到了关于"恐怖大王"降临的信息。但这两位预言家显然都没有明确表示，这位"恐怖大王"究竟指的是某个人，还是某个抽象化的东西。但即便如此，如此相似的两则预言还是让许多人心中甚为惊恐。

　　有人认为，"恐怖大王"所指的或许是某个战争狂人，这个人将会引起世界范围内的大战，给人类带来深重的灾难。但也有人认为，"恐怖大王"可能是指宇宙射线，或者因为环境污染而引发的大自然的报复等等，因为这些灾难，全部都是有可能让人类陷入末日的灭顶之灾。更有人猜想，这个所谓的"恐怖大王"或许是一系列即将出现的灾难的统称。

　　可以确定的是，无论预言所指的是什么，其根源还是来自于人类自身所犯下的罪过。与其祈祷着末日来临时神的救赎，人类倒不如早些停下狂妄的脚步，俯身去努力弥补往日的过错。

第三章

地球大劫难与生物大灭绝

从地球诞生开始，生命经历了数个从生存到毁灭的轮回。许多生物尽管当时成为了地球上的霸主，最终还是抵不过大自然的抉择，消失在了地球漫长的历史中。除了我们耳熟能详的恐龙灭绝事件外，地球上究竟还有多少次物种灭绝事件？每一次又是怎样发生的呢？人类是否再次导演着下一次大灭绝呢？

恐龙消失的时代

　　恐龙化石对于现代人来说并不陌生，无论是自然博物馆还是教科书中，都有恐龙化石的介绍。面对着那巨大而恐怖的骨架，不仅令人惊叹，它们活着的时候该有多么的强大。恐龙对于当时的地球来说，是当之无愧的霸主，它们除了自己之外，没有任何生物可以成为它们的敌人。那么就是这样一种生物，在距今大约6500万年到7000万年之间，突然从地球上消失了，只留给我们那些庞大的骨架。究竟是什么让恐龙突然之间消失在地球上？这引起了科学家们的探索与思考。

　　恐龙作为地球的霸主，统治地球的时间远超人类，长达1.6亿年之久。那个时候各种各样的恐龙遍布地球，尽管它们并不相同。有些恐龙吃草，有些恐龙吃肉，有些只有小猫小狗那么大，也有身高超过30米的庞然大物。就是这样一个庞大的群体，一个极其多样化的群体，近乎不可理喻地消失了。

　　科学家自从发现恐龙化石后，就对恐龙灭绝的原因展开了研究。一开始，科学家们的研究方向是新生物种的出现导致了恐龙的灭绝，而最有可能灭绝恐龙的物种正是我们人类的祖先——哺乳动物。哺乳动物可谓是大自然巧夺天工创造的奇迹，相对于恐龙来说，哺乳动物的力量并不强大，但是它们却有着更加可以适应环境的能力。它们有着可以维持自身温暖的皮毛，有着相对于爬行动物更加发达的大脑，更有着极高的繁殖能力。强大的恐龙在与大自然的争斗中败下阵来，而更能适应大自然的哺乳动物登上了地球霸主的宝座。

除了物种替代论，也有观点认为是食物导致了恐龙的灭绝。经过研究，与恐龙同一时代的植物为了保证自身的生存能力，逐渐在体内产生了一种含有毒素的生物碱，食草龙吃了这些植物，而食肉龙又吃掉了食草龙，如同病毒传染一样，这些毒素毁灭了整个恐龙族群。除此之外，对于恐龙灭绝的原因还有氧气过量说等等，但是这些生物学上的原因似乎有些站不住脚。毕竟生物的出现、演变到灭绝是需要一个漫长的过度时间的，而研究表示恐龙是在6500万年前的某个时段内突然灭绝的。

1979年，美国加州伯克利分校的著名物理学家、诺贝尔奖获得者路易斯·阿尔瓦雷兹提出了一个观点，为科学家研究恐龙灭绝打开了一扇新的大门，他的理论就是恐龙灭绝是因为小行星撞击地球造成的。这个理论在今天已经并不新鲜，甚至不少人已经觉得这不是个未证明的理论，而是事实了。但这个理论虽然可能性较之前的高，但实际上依旧存在着许多不合理的地方。

在1983年，美国物理学家理查德·马勒、天文学家马克·戴维斯、古生物学家戴维·罗普和约翰·塞考斯基、轨道动力学家皮埃·哈特等人结合了各自的研究成果，提出了一个惊人的学说，那就是生物周期性大灭绝假说。他们将研究结果结合后，发现地球上发生恐龙灭绝这样的事情并不只是一次，而且从年代上来看极有可能是有着规律、按照一定周期进行的。经过计算，在地球上大概以2600万年为一个周期。生物周期大灭绝的原因是银河系大多数恒星都是双星系统，比如地球与月球。而太阳周围的那颗星是什么呢？就是人类从来没有见过的——尼米西斯星。根据假说内容，尼米西斯星在太阳系的边缘，运转周期长达2600万年到3000万年。每当尼米西斯星运转一个周期，来到地球附近，因为重力的影响，宇宙中飘荡的小行星和陨石将会离开原本的轨道进入太阳系，化作流星雨。在如此密集的流星雨当中，地球想要独善其身显然是不可能的，只要有一两颗小行星落在地球上，那么地球上所有的生物都会遭受灭顶之灾。

小行星撞击地球的假说为天体灭绝恐龙学说的科学家们提供了无数的灵感，除了小行星撞击地球外，宇宙中还有其他东西同样会导致恐龙灭绝。有些科学家认为恐龙灭绝是因为太阳系在银河系中进行了一次"死亡穿行"。太阳系是以太阳为中心，行星围绕着太阳转。而太阳系要围绕着银河系旋转，旋转周期长达2.5亿年。每个星系当中都有被星系核心放射的影响而形成的死亡地带。距今6500万年前的那段时间，太阳系刚好从银河系的"死亡地带"中穿过，放射性射线反复照射地球上，在这种恐怖的袭击之下，恐龙绝无可能幸免。

跟放射性射线说法类似的还有宇宙射线说。宇宙射线的说法是由苏联科学家西科罗夫斯基提出的，主要内容为太阳系附近有一颗超新星爆发，这直接导致了恐龙的灭绝。根据科学家的推算，距今7000万年前有一颗超新星在距离太阳系仅32光年的地方爆发了，这对于太阳系来说可是非常罕见的事情。爆发释放出了惊人的能量和非常多的宇宙射线。宇宙射线照射了太阳系的每个行星，完全摧毁了地球表面恐龙赖以生存的臭氧层和电磁层。恐龙和其他生物毫无防备地暴露在宇宙射线之下，只能看着自己的身体日渐坏死，而体型较小的爬行动物和哺乳动物则躲在地下逃过了一劫。

显然宇宙射线说也得到了许多人的支持，不仅出现了超新星爆炸的宇宙射线毁灭了恐龙，更有一种学说提出地球两极反转才是恐龙灭绝的罪魁祸首。根据科学家的发现，大约每20万年地球的两极磁极就会反转，那么地球的电磁层也会随之消失，持续时间可能长达一万年之久。在这一万年中，地球没有磁场的保护，宇宙射线会毫无阻隔地照射在地球上，导致了恐龙的灭绝。

随着时间的推移，科学家们又有了新的发现。恐龙灭绝所用的时间不像生物演变需要那么长，但也不像小行星撞击地球来的那么快。这段时间可能持续了几十万年，而且并不是一次，而是两次。恐龙的灭绝不可能是突然地，也不可能是简单的飞来横祸，因为这些都不可能持续几十万年之久。目前，对于恐龙灭亡的原因还没有一个确切的答案。

冰河期大劫难

根据科学家的推断，地球上曾有一段时间处于完全冰冻的冰河期，过去的证据并不完整，但经过150年的探索，在1920年之后，人们已经确认了地球上冰河期的存在，而且发现了冰河期出现的规律。第一次冰河期开始于石炭纪中期，也就是3.25亿年前，持续了6000万年，直到二叠纪才结束。而在过去的3.5亿年中，还有多少次冰河期存在呢？

冬季来临，雪花飘飘，而进入春天以后，冰雪就开始消融，呈现出生机勃勃的样子，这是我们对地球温带气候的正确认识。但是从地球的历史来看，我们处在一个温度相对较低的年代。在地球的霸主还是恐龙的时候，地球上的温度要远高于现在，甚至在北极附近都有绿色植物生长。根据推断，最后一次冰河期的结束距离现在只有1.2万年。

19世纪，科学家在英国东南部发现了河马的尸骨。生活在热带丛林中的河马为什么会出现在英国东南部呢？经过碳元素鉴定，这具河马的尸骨已经有2万年的历史了。可见，两万年前，英国东南部地区还是炎热的雨林气候。这个现象引起了科学家的重视，并且促使科学家们去研究过去在地球上气候是怎样变化的。同一个地带，如今可能十分寒冷，而过去则是非常炎热的。

除了河马的尸骨外，英国地区的化石也给了科学家们很多启发。英国、欧洲北部和北美部分地区都找到了大量的牡蛎化石，这些化石从何而来？英国地质学家威廉·巴克兰认为这极有可能是由史前大洪水冲积而来。对于还未有定论的史前大洪水，这个答案显然不足以服众。现代地质学奠基者、瑞士地质学家让·路易·阿加西认为，这些化石极可能与地球上的冰河期有关。他在19世纪30年代曾研究了瑞士阿尔卑斯山的冰河，发现阿尔卑斯山在短时间内有过缩小，联系在英国找到的大量的牡蛎化石，可以得出冰河曾经覆盖的地区远不止阿尔卑斯山地区。越来越多的水生动物化石被发现，越来越多含有水生动物的地层被发现，这更是说明了冰河有数次向南移动，现在的欧洲和北美洲都曾被冰河覆盖。但是，移动并不是一气呵成的，几次移动中间隔了很长时间。这个发现说明了地球曾经历过多次冰河期，这是一种对于地球的全新认识。

确定了冰河期的出现，冰河期出现的原因则成了全新的研究方向，各种各样的理论令人目不暇接，但是那些最可信的理论无疑都有着一个同样的出发点，那就是地球在不同的时期，全球平均气温的变化是很大的，而这种变化取决于地球和太阳的距离。或许我们鲜少察觉得到，但是地球绕太阳运动的轨迹正在逐渐稳定，而过去的100年却远不如今天。到了20世纪20年代，南斯拉夫数学家卢丁·米兰科维奇精确计算出了影响地球在太空运行的三要素，这三要素也成为了如今对于地球的一些基本认识。第一，地球的运行轨道是椭圆形的，更准确的说是一个类似鸡蛋的形状。但是这个椭圆也不是一成不变的，每隔十万年就会从椭圆变成近似正圆的形状，然后再变回椭圆。第二，从宇宙角度来说，地球是倾斜着的，倾斜的角度也在不断变化。第三，地球不仅围绕着太阳做公转，还绕着以南北两极为顶点的地轴做自传运动。

米兰科维奇提出了这重要的三点理论，进而试图用这三点证明冰河期的出现。他认为当地球在运行轨道上离太阳最远，地球倾斜的角度也达到一个极端时，太阳到达地球的能量将大大减少，冰河就会开始蔓延。科学家们对于米兰科维奇的研究成果抱有怀疑，但是也不得不承认有些道理。地球的公转轨道从椭圆到圆，再到椭圆，变化的幅度只有0.3%，这在宇宙当中或许不算什么，但是对于地球上的人类来说可是一件大事。哪怕是一点小小的因素，也会在地球上产生巨大的变化，哪怕是科学昌明的今天，想要用科学准确地预报小范围内的天气，依然是非常困难的。因此，有部分科学家觉得这0.3%的改变，极有可能是冰河期形成的原因。

米兰科维奇30年的研究始终缺少理论依据，直到1976年才找到足以支持他理论的证据。当时的海洋学家在海底发现了特别的沉淀物，这些不寻常的沉淀物里有"有孔虫的贝壳"。这些贝壳的化学组成是随着海水温度的变化而变化，其中最明显的就是氧元素。这些沉积物的发现是艰难的，随后的测试与鉴定则更加艰难。在大量的研究工作后，终于取得了成效。对于海底沉积物的研究表明，白垩纪时期海洋温度比我们现在要高出20℃。20℃的变化可以说是非常明显了，在距今11.5万年开始变冷，进入冰河期，随后冰河期达到顶峰，而后则开始升温。

科学家们做的其他测试也从旁证明了这个结果，钻探格陵兰岛极地深处，其中找到的冰核与俄罗斯科学家在南极洲找到的冰核是十分类似的，这说明了海底的扩散运动。格陵兰岛发现的冰核样品无疑为科学家们提供了更多的线索，1979年瑞士物理学家汉斯·厄斯杰前往格陵兰岛，通过测试纽约州立大学小组压碎冰样品收集到的几千年前气泡中的气体，发现1.2万年前冰河期结束与1.7万年的冰河期相比，二氧化碳水平要高出万分之一，而海洋沉积物验证工作也得出了同样的结论，二者说明了二氧化碳在加强地球大气太阳能循环方面起到了重要的作用。这种效应就是如今我们经常提到的重要环境问题——"温室效应"。

大气中二氧化碳含量的上升会导致温度上升，这也让"温室效应"成为了近年来人们十分关注的全球气候变暖问题中最常提及的一个词。如今的"温室效应"与我们人类的所作所为息息相关，但是在没有人类影响的远古世界，二氧化碳的含量究竟是怎样变化的呢？这个问题始终没有得到一个准确答案，具体问题具体分析或许是解决这个问题的最佳方案。白垩纪地球上的二氧化碳含量升高，气温开始变暖，主要是因为植被的急剧扩张。植物的光合作用会吸收二氧化碳，但是植物的呼吸作用同样会排出二氧化碳，随着植被的扩张，植物数量的增加，二氧化碳的水平还在逐渐增加。与陆地植物不同，海洋植物会吸收更多的二氧化碳，在海洋植物数量增加的时期，气候就会转冷。

除了二氧化碳含量外，另一个影响全球气候的问题是地球的版块运动。就拿现代的例子来说，墨西哥的暖流会把温度相对较高的赤道海水从大西洋带到英格兰，这就为地处高纬度、温度相对较低的英格兰提供了温暖。科学家提出假设，在250万年前，因为版块运动，中美洲大陆出现，这使得太平洋和大西洋之间的水流改变了流向，引发了北半球进入冰河期。在1500万年前，南极洲和南美洲分离，也可能会造成全球变冷。

另外还有一些不成熟的理论，也可以成为左右地球气温的因素，其中有一些争议颇多，比如岩石侵蚀导致气温升高。美国化学家尤里获得诺贝尔奖的发现是含有硅酸盐的石头在被侵蚀的过程中会消耗大气中的二氧化碳，如果这些石头被掩埋在火山下，在数万年后又因为火山喷发而回到地表，那么它们将会向大气释放二氧化碳，这种反应也被称为尤里反应。美国气候学家莫林·雷蒙和威廉·拉迪曼认为喜马拉雅山和安第斯山崛起时形成了大片的山脉，而它们被侵蚀时吸收了大量的二氧化碳，导致了冰河期。但这种说法有着明显的破绽，这些山脉至今仍在，全球气温却一直在变暖。

有关冰河期如何形成的猜想还在一个又一个地被提出，始终没有停歇过，但这些新理论大多都经不起推敲。有许多被编入计算机稍加演算即可击破的理论，也有一些是完全不专业的人跨学科的臆测。最终接受度最广、最被认可的始终是米兰科维奇的循环理论。与恐龙灭绝猜想一样，天文学学者在这一研究上远比生物学家得到的肯定要多，而不同时期生命不同的生存状态对环境产生了影响，也让进化论生物学家的地位获得了一定的保障。倾向于岩石侵蚀造成冰河期说法的地质学家和化学家则结成了同盟。虽然各理论之间有着不可调和的冲突，但科学家们还是向着破解冰河期形成的难题努力着。

人类究竟能否完全破解冰河期形成的谜题呢？同样有着不少科学家持悲观态度，他们觉得无论如何，人类都不可能找到一个合理的定论。哪怕目前只是在程度上遭受质疑的米兰科维奇循环论，也只能在2000年以后得到证明。如果米兰科维奇的理论是正确的，那么2000年以后地球将迎来下一个冰河期的开端。但如果因为人类过度排放二氧化碳，也可能导致全球气候变暖，冰河期周期将变得紊乱。到时候人们迎来的将不是寒冷的冰河期，而是一个冰雪融化、海平面急剧生高的时期。当然，这也不能完全说明米兰科维奇的说法是错的，毕竟在恐龙时代，有长达2亿年没有出现冰河期，而过去多次出现冰河期的3500万年里，也不是非常规律的。或许迄今为止所有的科学理论都是正确的，冰河期的形成原因多种多样，我们不必拘泥于下一个冰河期什么时候到来，人类所能做的也只能是静静等待。

史前人类的核战争

　　史前人类的存在几乎得到了肯定答案，但是史前人类为什么突然消失却始终没有一个定论。许多科学家都倾向史前文明的毁灭与核战争有着莫大的关系，但是他们使用的是什么核武器？核战争爆发的原因是什么？却没有任何头绪。如果说远古时期流传下来的神话记载了和史前人类有关的信息，那么其中有一些难懂的内容可能就是对于核战争的情景描述。更加令人惊讶的是，世界上的许多地方都发现了与核能有关的史前遗迹，这恰好从侧面说明了史前人类因核战争灭亡的可能性。

　　非洲加蓬共和国有一个奥克洛铀矿，法国的一家工厂进口了一批该矿矿石，发现这批矿石的铀含量只有0.3%，这与使用过的铀矿残渣基本一样。这让科学家们产生了强烈的兴趣，当他们来到奥克洛铀矿考察时，居然在该地找到一个古老的核反应堆。这个反应堆的运行时间已经超过了50万年。这个几十万年前的核反应堆是什么人建造的？要知道，我们的祖先几十万年前才刚刚学会用火。

　　在史前人类的概念被提出之前，人们一直认为是外星人留下了史前文明的遗迹，但经过科学家的大胆推测，我们并不是地球上第一批智慧生命，这才是比较合理的解释。生物学家推论，地球诞生至今已有46亿年，在这段时间里，地球上至少经历了5次毁灭性的大灾难，每一次大灾难都会毁灭当时存在的智慧生命，然后生命再次出现，周而复始。最后一次可推断的大爆炸时间大约在6500万年前，而在20亿年之前，地球上可能满是智慧生命，摧毁他们的就是一场核战争。

这种说法刚被提出时被认为是无稽之谈，但经过科学家、考古学家、历史学家不断研究有了新的发现，找到了许多证据。

《摩诃婆罗多》是一部有着漫长历史的印度史诗，该书记载的事情距今至少有5000多年。这本书只记载了恒河上游居住的科拉瓦人和潘达瓦人、弗里希尼和安哈卡人之间发生的两次战争。书中记载的内容十分夸张，令人难以置信。学者们也没有将其信以为真，认为种种夸张的描写只是写作上的艺术手法，是一种艺术上的夸张。广岛和长崎的两颗原子弹爆炸后，根据原子弹爆炸的样子和史诗中的描述，科学家们才豁然开朗，这史诗中的战争画面描写的不正是原子弹爆炸吗？而《摩诃婆罗多》的作者极有可能是核战争中核爆炸的目击者。

《摩诃婆罗多》中是这样描写战争画面的："英雄的阿特瓦坦，稳稳地坐在维马纳内降落在水上，发射了阿格尼亚，它喷火，但无烟，威力无穷。顷刻间潘达瓦人上空黑了下来，接着狂风大作，乌云滚滚，向上翻腾，砂石不断从天空打下来。""就连太阳都在天空摇曳，这种武器发出的可怕灼热，令大地都为之颤抖，地段内大批动物无声倒毙，沸腾的河水烫死了水中的鱼虾。阿格尼亚爆炸时声若雷鸣，敌兵被烧的如同焦黑的木炭。"

第二次战争是这样描写的："古尔卡乘坐快速的维马纳，向地方的三个城市发射了一枚火箭。此火箭具有整个宇宙的力量，炽热的烟火柱，亮度犹如万个太阳，滚滚升入空中。""尸体被烧的无法辨认，毛发和指甲都剥落了。陶器纷纷破碎，空中的飞鸟也被烧死，地上的生物因食物被污染而中毒。"

史诗中一些名词不能被准确地解读，但如果我们结合原子弹爆炸的情景来看，将"维马纳"看作飞机，将"阿格尼亚"看作是导弹，那些这一切是不是都与原子弹爆炸的场景十分吻合呢？

不仅如此，物理学家们还在古印度人的时间概念里找到了另外一些可以作为证据的东西。印度人的计时单位中，有一种叫作"卡尔帕"的，它所代表的意思是42.32亿年。还有"卡希达"这个单位，代表了一亿分之三秒。这两个从古印度就有的概念让科学家们非常迷惑，但是物理学家们却明白，在自然界中，需要用到亿年和百万分之几秒这种单位的只有放射性元素的分解率。例如，铀238的一半寿命是45.01亿年，k介子的一半寿命只有百万分之一秒。可见，"卡尔帕"和"卡希达"极有可能是放射性元素的概念。如果恒河上游古印度地区的居民已经有了计量核物质和次核物质的单位，那么他们造出核武器也不是什么奇怪的事情。

考古学家们自然不会放过《摩诃婆罗多》中所描述的开战地点，在该地果然不负众望地发现了许多废墟。这些被烧毁的废墟很不寻常，大块大块的岩石全都熔化了，它们黏在了一起，并且极不平整。在德肯原始森林中，人们发展了许多焦土废墟，城墙被熔化，成为像玻璃一样的晶体，建筑物中所残留的石制家具表面也玻璃化了。想要让岩石熔化可不是一般的温度就可以的，至少要1800℃才能够做到，人类所能想象到的，不考虑史前文明的情况下，温度最高的就是火山喷发，但火山喷发也不能达到这个温度。

除了在印度，在巴比伦、撒哈拉沙漠以及蒙古的戈壁滩上都发现过史前废墟，其中许多石制建筑、家具，都十分相似的晶体化了。苏联学者戈尔波夫斯基在《古代之谜》一书中曾提到，他在古印度的德肯地区发现了一具人类的残骸，这具残骸释放出了超过常态50倍的放射性能量。

史前人类消失于核战争，尽管这还只是个猜想，但是随着科学家的努力，所得到的证据也越来越多。不过历史毕竟是历史，我们可能知道发生了什么，但却很难知道为什么发生了。

神秘大爆炸

在地球上，最多的爆炸来自于人类的战争或科技的不慎使用，但大自然中还有一种神奇的爆炸现象，至今尚未能被解释。这种爆炸威力极大，也很难得知爆炸的前因后果，各国科学家对于大爆炸已经研究了近百年。

1908年6月30日的清晨，西伯利亚地区通古斯河的河畔，清晨的时光总是宁静而美好的，太阳为清晨的森林洒满了暖红的阳光。突然，一声惊天动地的巨响不知从何处传来，远处升腾起一朵巨大的蘑菇云。先是大地不停震动，随后巨大的冲击波伴随着热量席卷而来。森林中的大树被冲击波连根拔起，树根牢固的被点燃，几千平方公里的森林于顷刻间化为灰烬，森林中的飞禽走兽更是不能幸免。

幸好大爆炸发生的地区距贝加尔湖有800公里，并没有居民居住，但由于爆炸的威力实在惊人，距离爆炸地区60公里外的小城瓦纳瓦拉险些被摧毁。爆炸发生的那天早晨，一声巨响从远处传来，小城里建筑物的玻璃被震得粉碎，冲击波掀掉了一些房顶，道路两旁和公园中的树木被连根拔起。

根据当地一位经历了这一切的农民说："那一天我和往常一样坐在家里，天空中突然出现了强烈的白光，随后气温开始升高，炙热的空气仿佛要将我的皮肤点燃一样，我跌倒在地上，身上的背心开始燃烧。一抬头就发现天空中有一个可怕的巨大火球，然后烧红了半边天空。没多久，火球就熄灭了，天空又恢复了原来的颜色。随后，我听见一声巨响，而我的身体被爆炸的气浪掀飞了出去，立刻就失去了知觉。大概过了几分钟，我才苏醒过来，耳边传来尖利的呼啸声，房子仿佛是纸做的一样，不停地摇晃着，似乎随时要被连根拔起了一样。"

瓦纳瓦拉并不是该地区唯一的小城，还有不少地区如同瓦纳瓦拉一样，房子伴随着大地摇晃了好几天。几乎所有瓦纳瓦拉的居民都被热浪刮倒了，田地里的庄稼被完全摧毁，什么都没有剩下。爆炸地点下面有一群驯鹿经过，爆炸过后只能找到少数的尸骨。

这次惊人的大爆炸几乎全世界都感觉得到，爆炸的瞬间，伦敦大停电，人们突然陷入了黑暗之中；斯德哥尔摩的天空发出诡异的光芒，不少人用相机拍下了那奇异的景色；在美国，人们能感受到大地在不停晃动。

这是一次爆炸而不是一次地震，但仅仅是爆炸引起的地震波都非常惊人。爆炸产生的冲击波从西伯利亚一直传到了中欧，德国的波茨坦和英国的剑桥地震观测站都记录下了当时地球所受到的强烈震动，就连远在美国的华盛顿和印度尼西亚的爪哇岛都有震感。

大爆炸发生以后，6月30日夜里，西伯利亚地区和整个欧洲的天空诡异一般的明亮。离爆炸点更近的高加索地区和俄罗斯南部，夜晚亮得即便不用任何照明工具也可以正常阅读书籍。之后的整整三天，通古斯地区都没有黑夜，而太阳射出的光穿过云层时，会变成奇怪的绿色和玫瑰色，有时候云团本身还会发出银色的光，并且云团与云团之间有着明显的分界。这种情况持续了近两个月，直到8月底，天空才恢复常态。观测天空的天文学家也发现大气的透明度大大减弱了，这令他们观察星辰受到了许多阻碍。

　　这场诡异的大爆炸马上就成为了科学家们的研究对象，这场爆炸的威力惊人，远超人们的想象。在1908年，原子弹还未发明的时候，人们根本不知道如何形容这场爆炸的威力。后来，用来说明这次爆炸威力的，就是原子弹的数目。这次大爆炸的威力有500颗原子弹或数颗氢弹同时爆炸那么大。

　　究竟为什么会发生大爆炸呢？许多科学家也给出了自己的猜想。有人说这是一次核爆炸，也有人认为这是一颗流星或者彗星落到地面撞击造成的，还有人认为是外星人的宇宙飞船坠落了。经过科学的不断发展，人们所能想到的也越来越多，近年来也有人说这次爆炸与宇宙黑洞或反物质有关。

　　苏联科学家库利克就是陨石爆炸论的坚定支持者，他亲自前往通古斯地区进行了考察，并且还采访不少亲眼目睹爆炸的当事人，但对于爆炸的原因并没有太大帮助。他认为这与陨石有关主要是因为我们的地球一直在遭受着小陨石的袭击，宇宙如此浩瀚，仅在星系与星系之间、行星与行星之间，就存在着无数的碎石。地球绕太阳运行的时候，必然会穿过那些布满陨石的地带。这些陨石虽小，但进入大气层的速度极快，速度可达每小时十万多公里。由于它们个头大多不大，所以往往在大气层中就燃烧殆尽了，并不能降落地球表面。

不过，还是有不少较大的陨石会坠落到地球上。1938年9月29日，美国伊利诺斯州，一户人家的院子里忽然传来一声巨响，一颗陨石砸穿了他们的房顶落在了汽车顶上。1952年，美国亚拉巴马州的一个妇女不幸被陨石击中，这也是世界上唯一被陨石伤害到的人。

大爆炸是陨石降落形成的，这种说法并没有得到广泛的认可。不少实地考察过的人都对这种说法产生了一个疑问：陨石坑在哪？爆炸当天，600英里之外的地方都听得见那惊人的声响，方圆50公里内的树木都被摧毁了。但正因为如此，确定爆炸中心这件事情就变得非常简单。强烈的冲击波将树木连根拔起，每一棵倒下的树，它们的根部都指向了冲击波袭来的地方。但是找到爆炸中心后，却发现那里没有陨石坑，只有一片泥泞的沼泽。这片沼泽的边缘都是枯树，这些枯树干干净净，连根枝桠都没有。这为还原大爆炸的场景提供了重要线索，说明了这里的爆炸引起了一场大火，但是火并不是从地上烧起来的，而是伴随着热浪吞噬了那些树木，热浪的速度极快，力量惊人，温度非常高，一个瞬间就将树木的枝干烧光了。

1945年，美国在日本的广岛和长崎分别投下了一颗原子弹。爆炸以后的场景经过美国科学家的对比，居然和通古斯大爆炸的现场有着惊人的相似之处。而苏联物理学家亚历山大·卡萨柴夫也发现了类似情况。越是靠近爆炸的中心，爆炸造成的破坏就越小，不少树木甚至依旧挺立得笔直，通古斯地区的植物也比其他地方更快地恢复了生机。这种情况和原子弹爆炸十分类似，而广岛、长崎两地找到的死于原子辐射的牲畜与通古斯大爆炸对牲畜的影响相同。从视觉角度看，通古斯大爆炸的蘑菇云也与原子弹爆炸时的蘑菇云一样。

1958年，一系列的科学考察开始进行，科学家们研究出的答案让通古斯大爆炸的真相越来越接近核爆炸。苏联地球物理学家索洛托夫和天文学家齐盖尔曾多次前往现场调查，在通古斯地区，他们找到了大量放射性物质，这些放射性物质的残余与原子弹和氢弹一样，而在1908年通古斯大爆炸时，人类还没有找到制造原子弹所需要的所有物质。

通古斯大爆炸至今仍是个未解之谜，随着科技的进步，总是有更多的答案去解释这个谜题。究竟哪一种说法才是正确的，总有一天会得到一个定论，让真相大白。

失落的亚特兰蒂斯

　　之前我们说过，亚特兰蒂斯与史前人类有着莫大的关联，但亚特兰蒂斯最终却沉入了大海。那么究竟亚特兰蒂斯是个怎样的地方？又有着哪些被记录在案的东西？我们来详细看一下。

　　尽管人类文明越来越发达，有关亚特兰蒂斯的故事越来越多，但亚特兰蒂斯传说的流传时间可不仅仅是这近百年的发展。早在2000多年前，西方世界就广泛流传着亚特兰蒂斯的故事。概括起来大概就是，在大海的中央有一座名叫亚特兰蒂斯的城市，岛上的居民生活十分富足，而且品性也非常善良。那里的城墙是用黄金铸就，寺庙是用白银建造，还有美丽的园林和用于娱乐的赛马场。最终，海神降怒于亚特兰蒂斯，亚特兰蒂斯沉入了大海。

　　现在对于亚特兰蒂斯最详尽的记载是柏拉图的作品《对话录》，其中是这样说的："有个比利比亚和小亚细亚加起来还要大的海岛"，在这个世界刚刚出现时，亚特兰蒂斯就被交由海神波塞冬管辖，亚特兰蒂斯人是海神的后裔。柏拉图记载的亚特兰蒂斯的位置是在海克力斯之柱，控制着整个地中海，势力超过了当时的埃及和土耳其，是一个势力强大的海洋大国。尽管是个岛国，但因为幅员辽阔，所以拥有充足的自然资源，耕地也足够养活本国人民。有高山阻挡了吹向亚特兰蒂斯的北风，导致这里气候宜人，有草原和骏马，甚至还有大象。整个岛国分为十个地区，每个地区都有一个国王。因为物质充盈，所以岛民对于物质生活的需求并不高，他们更加重视精神生活，有着积极向上的道德观。他们还多才多艺，尤其是骑术和航海是他们最为擅长的。

尽管亚特兰蒂斯什么都不缺，但他们最终还是屈服于内心的贪婪，开始扩张势力，妄图征服世界。在一场与雅典的战争中，被破釜沉舟的雅典人击败。这个结果令海神波塞冬大为震怒，在公元前9500年的时候，将亚特兰蒂斯沉入大海，彻底毁灭了这个文明高度发达的国家。

尽管柏拉图坚称自己所说的都是事实，但实际上就连他的弟子亚里士多德都不相信，而且仔细考据，他所说的时间和地点都有很大的问题。

有据可考的最古老的文明发源于公元前3500年的两河流域，在公元前7000年以前没有任何人类聚居的有利证据。在9500年前，就算有亚特兰蒂斯，也没有雅典。欧洲的青铜器时代是在公元前3000年左右，他们没有养马，而在柏拉图的记载中，亚特兰蒂斯是有骑兵的。

地点上柏拉图称其是在海克力斯之柱，也就是今天的直布罗陀海峡外，但如今的推测，最有可能的地点是在希腊的锡拉岛和土耳其的特洛伊。1992年，德国地质考古学家赞格博士认为，土耳其的特洛伊与柏拉图对于亚特兰蒂斯的描述十分吻合，那里地处海峡平原的北部，有着强劲的北风，有充足的淡水资源。海克力斯之柱这个名字在公元前500年左右是用来称呼直布罗陀海峡的，而之前的海克力斯之柱指的是达达尼尔海峡。在公元前1200年的时候，特洛伊的部分地区沉入了海底。

赞格博士的观点也没有有力的佐证，但起码提出了一个更加可能的地点。根据考古发现，在公元前3000年到1500年之间，与柏拉图关于亚特兰蒂斯的描述有着颇多的相似之处。希腊考古学家在锡拉岛发现了一个大城市的遗址，这个遗址的时间可以追溯到青铜器时代。该地的楼房有两三层之高，墙上更是有着精美的壁画。这说明了该地经济十分繁荣，极有可能是个重要的商业城市。可惜在公元前1500年左右，锡拉岛的火山爆发，摧毁了这一切。

这两个极有可能是亚特兰蒂斯的地点与柏拉图所说的时间并不相符，甚至要早的多。柏拉图说的时间是"梭伦（雅典著名政治家、立法者、诗人）之前九千年"，这可是个太久远的时间。不少科学家认为可能是记载的数字有误，如果改成"梭伦之前九百年"，那么就合情合理了，因为那段时间刚好是锡拉岛火山爆发的时间。

锡拉岛在1500年前曾爆发过大洪水，1967年开始，锡拉岛上不断地发现有青铜器时期的遗物，其中有不少牛图腾崇拜的物品，和柏拉图描述中亚特兰蒂斯的宗教信仰一致。而美国考古学家唐纳利早在1882年就有着许多对亚特兰蒂斯的猜想，他相信柏拉图的说法，认为亚特兰蒂斯就沉没在大西洋的中央，根据大西洋两岸古文明所流传下的神话、语言和习俗，认为在两岸之间存在着一个连通两岸的地方是非常可能的，而那片已经沉没的大陆就是亚特兰蒂斯。柏拉图所说的时期可能地球正处于大冰河晚期，冰河融化，海平面上升，导致了亚特兰蒂斯的毁灭。

越来越多关于亚特兰蒂斯的谜团正在被解开，相信让亚特兰蒂斯重新出现在人们眼前的那一天并不远。

奥陶纪生物大灭绝

在一具具恐龙化石被挖掘之后，我们不禁惊叹，原来在我们之前，地球上居然生活着这些可怕的大家伙，当然，同样也会对它们不明不白地消失扼腕叹息。但其实恐龙并不是世界上第一批灭绝的生物，早在距今4.4亿年的时候，我们生活的地球就经历了第一次生物大灭绝。

那个时代我们称为奥陶纪，是中生代的第二个季，开始于5亿年前，持续了6500万年左右。奥陶纪是一个特殊的时期，在那个时期，大海的面积要远远大于现在。温和的气候，广阔的海洋，刚刚起步的生物进化。这一时间海洋生物史无前例地疯狂繁殖，其中以无脊椎海洋生物为主，如今我们还能见到的、被称为活化石的鹦鹉螺就是来自那个年代。而根据达尔文的进化论，哺乳动物的祖先鱼类也是在奥陶纪第一次出现在地球上。

在奥陶纪时期，火山和地壳运动发生频繁，不少地区的气候开始变得与其他地区不同，冰川开始在地球上出现。地壳运动发生的主要原因是岩浆活动和地球内部的变动，正是在这个时期，地球渐渐变成了我们居住的样子。

不少科学家认为，在奥陶纪时期，各大陆的位置和两极的位置都发生过重要的变化。相比于今天，寒冷的地方是炎热的，而炎热的地方则是寒冷的。如今的撒哈拉沙漠正是当时的南极，整个大陆上都因为气候的变化开始结冰，形成了大片的冰川。这些冰川不仅影响了大陆，更是让洋流和大气环流变冷了。

经过科学家们不懈地研究，中国科学院南京地质古生物研究小组将大灭绝发生的时间锁定在了10万年以内，在这段时间里，超过60%的物种直接从地球上消失了。

关于这一次生物大灭绝，原因也是众说纷纭，至今还有不少人在研究。澳大利亚科学家经过对远古火山的研究，认为远古火山是造成第一次生物大灭绝的原因。科廷大学应用地质系副教授佛瑞德·乔丹用放射性测试年代技术，精确地估测出了Kalkarindji火山的喷发时间。这座火山当年的喷发量是非常惊人的，一次喷发喷出的熔岩可以覆盖澳大利亚西部和北部200多万平方公里。Kalkarindji火山早期喷发的时间是在距今5.1亿年前，考虑到火山不是直接毁灭生物，而是通过改变气候，这段时间倒勉强说得过去。

乔丹博士说："我们有充分的证据证明物种灭绝事件导致地球上50%的物种消失，而这些物种的消失极有可能是与气候变化和海洋的氧气耗尽有关，之前的科学家一直未能揭晓这些变化产生的原因。"

Kalkarindji在喷发时向大气层中排放了大量的硫磺，这就是导致气候变化的罪魁祸首。1991年皮纳图博火山爆发时，也一度导致全球的平均气温下降。何况是一座喷发时岩浆可覆盖200多万平方公里的火山。研究小组还将Kalkarindji火山与其他火山相比，发现每次物种大灭绝都与火山喷发有着密切关系。

乔丹博士的火山改变气候导致物种大灭绝的理论并没有得到广泛认可，相比于火山喷发造成物种大灭绝，还有科学家提出了其他更不切实际的理论。但是这些理论中，有的听起来比火山喷发造成这一切的可能性还小。

相对于火山喷发和小行星撞击地球这种快速灭绝生物的方式，进化可谓是极其缓慢的。美国范德堡大学地球和环境科学副教授西蒙·达罗彻表示，人们对于第一次物种大灭绝的认识太少，对生物进化过程的了解更是非常不足。在地球最早期产生的生命体中，有一部分微生物是不可忽视的。这些微生物并不是我们通常说的细菌、病毒、孢子等，而是体积微小的动物和植物。在漫长的进化过程中，这些小东西统治了地球30万年，而随后它们更是发现了光合作用，从此可以利用阳光来获取能量。光合作用并不是没有代价的，靠太阳获取能量会产生大量的副产物，那就是氧气。与今天不同，当时大多数的生物都是在无氧环境中进化而来的，对于它们来说，氧气就是毒气，成为了世界上最早的污染物。

根据进化论，现在有了氧气，生物也要进行相应的进化，虽然进化的方向不太一样，但共同的目标就是适应含有氧气的环境，变毒气为能量。这种进化最终产生了新的、更复杂的多细胞生物——埃迪卡拉动物。这种动物是6亿年前地球上的统治者，它们与植物非常相似，并且在不断地进化着，根据进化方向的不同，产生了水母、软体动物等生物。

新生物与过去地球统治者之间的矛盾马上就产生了，相对于微生物，多细胞生物明显有着更大的优势。它们以埃迪卡拉动物为食，逐渐改变着地球的环境，最终毁灭了埃迪卡拉动物。

这种用生物学来解释第一次生物大灭绝的方式非常新颖，但是却存在许多的矛盾。因此，目前认知最广的第一次生物大灭绝的原因还是气候变化。

根据气候变化学说，地球上第一次生物大灭绝是分为两次进行的，第一次是气候突然由热转冷，南极的冰盖以惊人的速度扩大，海平面急剧下降150米，以海洋生物为主体的生物群体遭受了巨大的打击。劫后余生的生物们还来不及庆祝，因为气温下降带来的第二次袭击就开始了，这第二次袭击就是气候变化。气候与之前截然不同的变化让地球上剩下的生物再次遭受了灭顶之灾。这一理论有着大量的地理环境和气候变化作为支持依据，所以也得到了更加广泛的认可。

生物大灭绝的出现固然可惜，但对于地球的演变来说也不完全是坏事。大自然的变化淘汰了旧的物种，但也会诞生新的物种，在新的生活空间里，新的物种具有更优良的适应性，这就是生命演变的过程。

超级地幔柱灭绝

在距今3.77亿年的泥盆纪，发生了第二次物种大灭绝。这次大灭绝的规模在地球发生的数次物种大灭绝中并不算大，但依旧惊人。另外与其他几次物种大灭绝不同的是，这一次的物种大灭绝有着非凡的意义，可以说没有这次物种大灭绝带来的物种进化，也就没有今天的人类。

就如同我们所知的一样，当时的地球板块和气候与现在有着很大的不同，"泛古陆"并没有形成，南极洲地区当时还是一片大陆，而其他的陆地则分裂成为各种岛屿，几乎遍布了整个地球。陆地上有了极大的改变，在这一时期，地球上第一次出现了森林，因为缺少食草动物，森林得以蔓延，遍布大陆。少量类似今天蝎子的节肢动物出现在了地球上，大多数动物依旧生活在海洋里。第一次大灭绝让海洋中原本的霸主无脊椎动物差点退出地球的舞台，海洋中新一代的霸主是鱼类。当时鱼类的分支比如今硬骨鱼、软骨鱼、圆口鱼还要多出两种，一种叫头甲鱼，另一种叫盾皮鱼。体型巨大、牙齿锋利的盾皮鱼是当时海洋中当之无愧的主宰者。盾皮鱼中最强大的叫邓氏鱼，这种鱼长达10米，体重可以达到30吨，惊人的咬合力可以咬碎钢筋。如此惊人的咬合力如今已没有动物可以匹敌，在整个地球的历史中，恐怕也只有古近纪的巨齿鲨可以与之相比。

第二次物种大灭绝的主要原因是地心里的岩浆。这一次生物大灭绝的原因鲜少有争议，但无论从什么角度来说，这都是一场奇特的意外。根据科学家的研究，当时有超过3000亿平方米的岩浆因为未知的原因脱离了地心的外核，从西伯利亚地区喷薄而出。伴随着地壳剧烈的震动和地缝中喷出的高温气体，大量的岩浆涌出地心，附近的海水沸腾，高温杀死了大量的海洋生物，珊瑚和其他无脊椎动物也毁灭于滚落的岩石和岩浆。然而，这恐怖的灾难仅仅是这次物种大灭绝的开始。岩浆带来的高温伴随着冲出地面的岩石圈，形成了热地幔物质柱状体，被称为地幔柱。

5000年后，海水中的污染物已经超脱了海洋的范畴，扩散到了空气当中，尤其是二氧化碳。这直接导致了全球气温迅速升高，不少地区的气温升高到了30℃。火山没有直接喷发的地区也受到了高温的影响，造成了珊瑚等不耐高温动物的灭绝。

大灾难的影响还在继续，10万年后，岩浆的喷发依旧没有停止，缺少天敌的植物成了海洋动物们新的敌人。不少人可能觉得植物并没有什么危害，但大量的植物无休止地繁殖下去，由此改变气候就足以造成可怕的灾难。之前陆地上并没有土壤，10万年来地面累积了大量的落叶，落叶枯萎腐化，渐渐形成了土壤。雨水的冲刷将土壤带入了大海，为海洋植物提供了充足的养分。海洋植物开始像陆地植物一样疯狂繁殖、蔓延，它们在海洋中进行的呼吸作用消耗了大量氧气，许多海洋动物因为氧气不足而死掉，物种大灭绝还在以不同的形式持续进行着。

到了地幔柱冲出地面的75万年后，二氧化硫飞上天空，与水蒸气进行了充分的结合，开始降下酸雨，并且持续了数万年。在这数万年中，酸雨抑制了植物的生长，土壤开始酸化。

灾难发生的130万年后，大灾难再次发生。同样是岩浆喷发，只不过这一次没有发生在海洋中，而是发生在陆地上。一个直径8000米的火山口在如今中国的西部地区出现，20万立方千米的岩浆冲出了地面，淹没了方圆50公里的一切。在这范围内的动物全部淹没在岩浆之中，无一幸免。火山的喷发所造成的伤害不仅是岩浆，还有从天而降的大量火山灰，以及弥漫在空气中的毒气。巨量的火山灰甚至连阳光都挡住了，整个地球一度没有了白天。

过去的130万年里，由于温室效应的缘故，地球的温度不断升高。就在不少物种已经适应了高温气候时，火山灰的遮天蔽日让地球重新回到了低温期。浅海中的鱼类和未孵化的鱼卵马上灭绝，地球逐渐进入了冰期。到了150万年，地球开始降雪，这场大雪的持续时间长达数年，地球所有纬度大于45度的地区全部被埋在冰雪之中，无法适应温度快速降低的生物大量死亡。

　　直到灾难发生了200万年，岩浆渐渐地不再喷发了，气温也开始升高。但是在这场灾难中消失的物种已经多达70%，尤其是海洋生物遭到了毁灭性的打击。微生物适应了环境，开始疯狂繁殖，但如果微生物再次成为地球霸主，那么这无疑是历史的倒退。过去加速动物灭绝的植物成了拯救地球的救世主，它们大量地释放氧气，净化地球上的毒气，地球上开始重现生机。到了这个时候，这场大灾难才算真正的结束了。

　　这次灾难的持续时间足足有500万年，可以说是地球历史上持续时间最长的灾难。75%的物种就此消失，其中强大的盾皮鱼更是整个分支都退出了历史的舞台。值得庆幸的是，在这次灾难当中，提利塔克鱼出现了。这是一种史无前例的物种，它们进化的更加完整，和节肢动物不同，它们是陆地上最早的脊椎动物。提利塔克鱼的一支，就是地球上所有四足脊椎动物的祖先，其中也包括我们人类。提利塔克鱼在进化上相对节肢动物更有优势，于是很快就取代了节肢动物成为了陆地上的霸主。

最惨烈的物种大灭绝事件

在距离今天2.51亿年，古生代最后的时期，又发生了一次物种大灭绝，我们称之为第三次物种大灭绝。这一次灭绝是几次物种大灭绝中最惨烈的一次，有近96%的物种在这次灭绝中永远地消失了。这次大灭绝也是引人猜想最多的大灭绝，科学家们根据不同的角度有着不同的猜想，当然，这些猜想也可能全部发生了。

那个时候的地球与现在大不相同，当时的大陆是泛古陆，所有的大陆都连在一起，环境比如今简单得多，60%以上的陆地面积都覆盖着茂密的针叶林。这些针叶林中的生态环境比当今的热带雨林还要丰富，有着多种生物。恐龙还没有出现，爬行动物还没有成为地球的霸主。当时称霸地球的是我们哺乳动物的祖先，相对于过去地球上的霸主来说，它们也是地球上第一批恒温动物，有着恒定的体温。在当时哺乳动物中的王者要数丽齿兽了。这种哺乳动物身长3.5米，重达300千克，长有之前其他动物所没有的犬齿。它们的犬齿锋利而巨大，平均长度可达9厘米，还带有锯齿。丽齿兽不仅牙齿锋利，它们同样有着聪明的大脑，并且成群结队地活动。无论是生活习惯，还是体力、智慧等个体能力，都保证了它们成为地球上当仁不让的霸主。

当时地球上还有其他哺乳动物，但大多是食草动物，如麝足兽、始巨鳄、二齿兽等。这些食草动物虽然体型巨大，但移动起来非常笨重，经常成为丽齿兽的盘中餐。

就在哺乳动物在地球上快速繁殖、发展的时候，第三次大灭绝开始了。

对于这次大灭绝，科学家们研究投入花费的精力要远超对其他几次灭绝事件。主要原因是这一次灭绝规模实在惊人，占据了海洋3亿年的海洋生物几乎在这段时期内完全消失了，其中包括了大量古老的珊瑚类生物。在提出的种种猜想中，依旧少不了最万能的解释——陨石撞击。

至今仍在南极洲的威尔克斯地陨石坑是陨石撞击理论的主要依据，这个巨大的陨石坑直径长达500公里，形成时间在5亿年内。科学家在二叠纪与三叠纪交界处的地层找到了不少地层曾遭受撞击的证据。在澳洲和南极洲发现了罕见的冲击石英与富勒烯所包裹着的太空惰性气体，在南极洲也发现了玻璃陨石。由于这只是部分科学家的说法，所以研究的真实性受到了怀疑。在南极洲发现的冲击石英，经过显微镜仔细检查后，发现其中的结构并非是陨石冲击形成，而由地壳运动造成的。

但除此之外，地球上还发现了数个与二叠纪灭绝事件有关的陨石坑，如澳洲北部外海的贝德奥高地和巴西中部的阿拉瓜伊尼亚陨石坑。但这些陨石坑都存在一个相同问题，那就是年代非常模糊，并且不能百分百肯定是冲击运动造成的。

　　地球的表面70%面积是海洋，陨石或者小行星撞击地球极有可能不会落到陆地上，而是落在海洋中。地球自身的地壳运动会让海洋地壳沉没，所以距今过于久远的海洋地壳是无法发现的，但真的有陨石撞击的话，海洋深处依旧会有岩浆喷发等现象，留下证据。陨石冲击的观点唯一值得信服的是，如果是由于陨石冲击引发了大灭绝，那么地球上的生物将不会快速地进行适应环境的进化。

　　相对于陨石冲击，地球自身发生了地壳运动要更加证据确凿。在二叠纪的最后一期，西伯利亚暗色岩与峨眉暗色岩相继喷发，其中西伯利亚暗色岩火山爆发喷出的熔岩面积超过200万平方公里，而持续时间长达数百万年，这是地质史上最大规模的火山喷发。

　　火山喷发除了岩浆让方圆200公里所有动植物全部灭绝外，还会制造大量的灰尘与酸性微粒，阳光被遮蔽，不能照射到地球上，陆地与海洋上的植物不能进行光合作用，进而导致植物大量死亡。植物大量死亡让食草动物的生存变得更加艰难，这同样影响到了食肉动物。如此一环套一环，最终食物链完全崩溃。而酸性微粒更让降雨变成酸雨，酸雨对软体动物和浮游生物的危害是非常巨大的，二氧化碳带来的温室效应让全球气温上升，形成温室效应。

　　第三次生物大灭绝事件是否是火山爆发造成的，同样存有争议，峨眉暗色岩接近赤道地区，会在整个地球范围内造成影响。但是规模最大的西伯利亚暗色岩在北极圈附近，喷发或许会让大气中的二氧化碳升高，令气温上升1.5℃至4.5℃，但尚未达到毁灭如此多物种的程度。

尽管火山爆发不足以造成如此大规模的物种灭绝，但是火山爆发还引起了另外一种现象，那就是甲烷水合物的气化。

科学家们在许多二叠纪末的地层中，发现了碳元素迅速减少的迹象，减少幅度高达10%。理论上来说，这种碳元素迅速减少，最大的可能性就是海洋高氧和缺氧所造成的。全球海洋缺氧，这可能是导致大灭绝的根本原因。这个论点在格陵兰东部的一个海相沉积层中得到了证实，该地区沉积层中的铀和钍比例证明了当时的海洋经历了严重的缺氧。缺氧事件可以轻易地导致大量海洋生物死亡，只有在海洋沉积层中生活的、进行缺氧呼吸的细菌没有不受影响。海洋缺氧事件还会造成海床释放大量的硫化氢。大量的硫化氢对于海洋中的动植物来说都是有剧毒的，并且对臭氧层有着致命的破坏，大多数生物不得不暴露在紫外线之下，导致病变死亡。

关于第三次大灭绝的原因目前还在研究当中，但是如果我们将陨石撞击说刨除在外，将其他的原因穿在一起，也是非常合适的。火山喷发引起了甲烷水化物的气化，导致全球气温升高和海洋缺氧，而海洋缺氧引起了硫化氢爆发，硫化氢毒害了大量动植物，并且破坏了臭氧层，让其余的生物暴露在强烈的紫外线下，种种灾难加在一起造成了这次大灭绝，这可能就是第三次大灭绝的真相吧。

霸主崛起的第四次大灭绝

第三次大灭绝造成了巨大的影响，哺乳动物因为在二叠纪遭到了毁灭性的打击，进而退出了历史舞台的中心。陆地爬行动物在此时间内得到了明显的发展，古老的动物类型基本灭绝，新生的动物类型大量出现，甚至有部分为了得到更广阔的生存空间从陆地回到了海洋。因为陆地的面积越来越大，淡水无脊椎动物得到了生存空间，开始快速发展。

在三叠纪时期，爬行动物的种类主要是恐龙类、似哺乳爬行动物类、槽齿类三种。槽齿类属于早期爬行动物的变种，身上还保留着不少原始动物的特点，与后来的爬行动物和鸟类也有着很多的类似之处。恐龙类出现于三叠纪晚期，主要有两个类型，一种是比较古老的蜥臀类和进化上更有优势的鸟臀类。似哺乳爬行动物也称之为兽孔类，它们的四肢开始从身体两侧向腹部底端移动，这主要是为了适应在陆地上行走。在此阶段还首次出现了海洋爬行类动物，为了适应海洋生活，这部分爬行动物身体呈流线型，四肢也变成了鳍。最原始的哺乳动物也于三叠纪登上了舞台，尽管进化还不完善，但相比于祖先丽齿兽来说，已经更有哺乳动物的样子了。

不仅动物在这一时间得到了快速发展，植物也是如此。裸子植物开始在地球上兴盛发展起来，其中银杏、松树、柏树等树木至今我们仍能看到。

尽管恐龙已经出现了，但它们还没有实力接管地球。三叠纪时地球上的霸主是鳄，相对于我们今天多熟悉的鳄，三叠纪的鳄种类要更多，最多的时候甚至达到了100多种。它们的造型也不像今天一般千篇一律，有的和现在的一样长有鳞片，也有的不需要盔甲保护，行动异常灵敏。

众所周知，我们的大陆是建立在熔岩构成的地面层上，如果地壳运动剧烈，地幔层就会变薄，其中破裂的地方就会喷出岩浆来。而三叠纪的晚期，物种大灭绝所发生的时期，正好就是泛古陆变成现今我们生活着的大陆的样子。火山爆发地点在大西洋中央，就是这次火山爆发喷出的岩浆和喷出的有毒气体，成为了这次大灭绝的原因。

距离火山喷发地点最近的地区是南美洲，而当地栖息着大量的真双齿翼龙，这种翼龙是地球上最古老的翼龙，也是地球上第一种进化出飞行能力的有脊椎动物。它们主要以鱼类为食，而大西洋沿海就是它们的狩猎场。体长三米的狂齿鳄是当时地球的霸主之一，更是淡水水塘中最凶残的捕食者。它们善于在水中隐藏自己，随时可以偷袭猎物。三叠纪时期的霸主是有角鳄，有趣的是它们并不是食肉动物，而是食草动物。它们全身都覆盖着装甲，体型巨大，两肩长有尖角，没有任何生物会对它们造成威胁。

就在这些生物所栖息的南美洲，已经因地壳运动逐渐变成可怕的地狱。先是地壳运动传来"隆隆"的响声，随后地面就喷出了高达数十米的间歇泉，这就是大自然给地球上生存生物的预警。

　　尽管火山还没有正式喷发，间歇泉喷出的水柱和滚烫的蒸汽就已经给真双齿翼龙带来了巨大的威胁，不少不够灵活的翼龙被卷入其中。地面上的生物开始有意识地躲避危险，朝着地势更高的山上冲去，也有不少生物选择躲入水中。它们躲过了蒸汽，但蒸汽只不过吹响了大毁灭序幕的号角而已。

　　最古老的哺乳生物——巨带齿兽在大毁灭当中也开始寻找生存之道，幸好它们是掘洞生物，在洞穴中，它们没有受到蒸汽与间歇泉的危害。

　　很快，岩浆开始喷发了，从地槽裂缝中，岩浆如同泉水般地涌出，其毁灭性远胜于从火山口中喷发的岩浆，并且这种情况持续的时间长达几周甚至几个月。熔岩所及之处寸草不生，该地区形成了如今的中大西洋裂缝。

　　火山喷发不仅仅产生岩浆，还产生大量有毒气体。这些气体融合进岩浆中，在岩浆喷发时，它们得到了释放，飞入了大气层，而二氧化碳也开始进入大气中，使得整个地球的温度升高了。气温并不是慢慢上升的，而是采取一种疯狂飙升的状态。躲藏在水中的爬行动物为了保持低温还不敢爬上陆地，产卵就成了巨大的难题。食物的减少也让它们将自己的目光更多放在同类的幼崽上，成年的动物逐渐死去，而幼崽也越来越少，不少食肉生物就这样被推到了灭绝的边缘。

在氧气量大大减少时，爬行动物依靠压迫两边肺部一边行动一边呼吸的呼吸系统，让它们在行动时步履维艰，而它们的胚胎也开始无法存活。爬行动物的卵是依靠卵上面的孔洞进行呼吸的，氧气越来越少，开的孔洞就越来越多。高温导致空气湿度下降，为了呼吸开出大量的孔洞会加快水分的流失，爬行动物的卵开始失水甚至死亡。

高温与干燥导致森林大火的频繁发生，并且一旦燃烧，就很难停止。森林大火也在排出有毒气体，与火山喷发的有毒气体一同在天空制造酸雨。陆地上的湖泊受酸雨和灰尘的影响，不是变得逐渐凝结，就是含有大量的酸，让躲藏在水中的爬行动物再也无法在水里生活。

酸雨和高温也让海洋变得不宜生存，尤其是微生物，开始大量地被杀死，这是海洋食物链崩塌的开始。之后受到影响的动物越来越多，从海洋植物到鱼类，再到以鱼类为食的翼龙和爬行动物，都开始忍饥挨饿。

南十字龙是最早的恐龙之一，在这次大毁灭中它们找到了自己的优势。虽然不够强劲去成为地球的霸主，但是它们足够灵活可以在逃亡当中取得更大的优势。氧气含量减少，让庞大的爬行动物越来越难以行动，它们开始将原本根本无法撼动的巨鳄作为捕猎目标。充足的食物让恐龙们越来越多，恐龙的族群开始遍布地球，越来越强大。

我们的祖先巨带齿兽也在大毁灭带来的饥饿中苦苦挣扎，挖洞的本领让它减少被浑浊空气影响，其肺部构造也可以让它在浑浊的空气中自由行动。从肋部发育出的乳腺让它可以更好地哺育后代，这令巨带齿兽得以繁衍。

此次大灭绝至少灭绝了地球上75%的物种，不少巨大的爬行动物都毁灭于它们原始而落后的肺部构造。海洋生物相比陆地更加悲惨，原本是三叠纪海洋标志的珊瑚礁几乎彻底灭绝。

　　整个大灭绝持续了50万年，而地球净化自身的空气同样需要几百万年的时间才能恢复。泛古陆的其他部分开始漂移开来，成为了我们所熟知的七块大陆，诞生了一个崭新的世界。

第四章

失落的世界：璀璨一时的
古文明

当那些残留着当时辉煌印记的遗迹出现在世人面前时，人们才意识到，几千年前的伟大奇迹竟一直被深埋在我们脚底。这些曾在地球上璀璨一时的古文明，究竟是如何销声匿迹，陷入永久的沉寂与孤独中的呢？

第四章

先秦的世界：散文·古典
古文明

金色黄沙下的楼兰古国

　　发现楼兰古国是一个充满戏剧性的巧合。1900年3月28日，世界著名探险家斯文·赫定一行人正在穿越罗布泊沙漠，当他们准备从一处可能有淡水的地方掘井取水的时候，却突然发现唯一的铁铲丢失了。为了找回铁铲，赫定所雇佣的一位当地向导艾尔迪克只好原路返回。就在返回的途中，艾尔迪克倒霉地遭遇了沙漠狂风，却又幸运地意外发现了一座被深埋在黄沙之下的古代城堡。在这样的契机之下，沉寂千年的楼兰古国终于再次开启神秘的大门，向人们诉说那段被埋藏在金色黄沙之下的辉煌。

　　楼兰古国坐落于罗布泊荒漠腹地，别看它现如今被埋藏在数百千米的戈壁沙漠下，大约1500多年前，这里可是一片生机盎然的繁荣古国。楼兰古城的位置就在古代罗布泊的西北端，古代塔里木河尾端所形成的一个小三角洲上。《史记·大宛列传》中有一段记载，张骞在出使西域后向汉武帝报告说："楼兰、姑师邑有城郭，临盐泽。"从这段记载中可以知道，楼兰古城的出现是非常早的，至少在张骞出使西域之前，这里已经建造起城市来了。

从楼兰古城的遗迹中依稀还能看到它曾经的面貌轮廓，从古城周围所残余的城垣估计，曾经环绕古城一周的城墙大约有1300多米。城里的布局主次分明，位置最突出的是一处土台，厚1.1米，残高两米，位置非常突出，显然是楼兰古城里最主要的建筑。城东方向建造了一座佛塔，高10.4米，应该是城中最高的建筑。住宅区主要分布在城西南一带。古城内还有一条古水道，由西北向东南穿越古城而过。此外，在楼兰古城的四周，还散布着一些佛寺和烽火台的遗址。

早在公元2世纪以前，楼兰古国在西域就已经非常有名了，位列西域三十六国之一。在丝绸之路开通之后，楼兰国成为西出阳关的第一站，控制住了当时东西交通的咽喉，可以说是当时中西文化一个非常重要的交会点。

楼兰古国遗址被发现之后，科学家们在这里找到了汉代的五铢钱、贵霜帝国的钱币、唐朝时期的钱币以及佉卢人残简、漆器、木器、金银首饰、玻璃器皿碎片以及丝毛织品残件等等一系列的文物，这些东西无一不昭示着当时楼兰古国经济的繁荣与强盛。可见，当时在中西亚交通所带来的东西文化交流推动下，楼兰的城市文明得到了飞速发展。

到魏晋时期，楼兰已经相当于是中原王朝在西域的政治与军事中心所在地，当时负责管理西域的最高行政与军事首脑均驻扎在楼兰，那时候的楼兰古国可谓盛极一时。然而，就是这样一个欣欣向荣的古国，却在大约公元4世纪前后开始逐渐走向消亡，从昔日的文明鼎盛悄然陷落成为一片废墟。

对于楼兰古国的神秘消亡，有人猜测可能是一场大瘟疫所引发的悲剧，有人认为是北方强国入侵的战争造成的，还有人猜测当时或许发生了一场奇特的生物入侵——从两河流域传入的蝼蛄昆虫成群结队地占领了城市，无法消灭它们的人们只得弃城而去……而在这些形形色色的猜测之中，更多的人则认为，楼兰古国的消亡应该与当时自然环境的恶化脱不了干系。

客观来说，古楼兰所处的自然环境的确不好，沙漠和盐碱化的土地占据了很大面积。据《汉书·西域传》中所记载，楼兰古国是塔里木诸绿洲国家中，唯一需要"寄田仰谷旁国"的国家。此外，中国乃至世界上的第一部"森林法"也是出自于楼兰古国，法令中规定"凡砍伐一棵活树者罚马一匹，伐小树者罚牛一头，砍到树苗者罚羊两头"。之所以会出现如此严苛的法令，可见在当时楼兰古国的自然生态环境的确令人堪忧。

在楼兰古城规模较小、人口数量不多的情况下，居民们主要从事畜牧业，逐水草而居，勉强能够和自然环境和谐共处。但随着丝绸之路的开通，楼兰也因此逐步发展成为一个繁荣的重镇，越来越多的人停留甚至定居在这里。人口增长带来了粮食供应问题，逐水草而居的畜牧业已经不足以供应楼兰居民的需求，因此他们不得不转向发展农业。

恶劣的自然条件，极其不稳定的水资源，让这片本就不适合农耕的环境变得越发恶劣，资源的过度开发利用终于让楼兰的自然环境不堪重负，悲剧的种子就此埋下。而丝绸之路越是繁荣，过往的人流越是庞大，这颗埋藏在楼兰古国之下的悲剧种子就越是长得越快。最终，盲目性的发展终于超越了环境的承载力，漫漫黄沙最终掩埋了这颗曾在沙漠之中大放异彩的神秘古国……

从繁荣到消亡，楼兰古国给人类上了极其生动的一课。经济与文明的繁荣不能以自然环境与资源的过度开发浪费为代价，只有保证生态环境的可持续发展，人类的文明才可能长久地在地球上发展下去。楼兰的悲剧是文化的悲剧，也是生态的悲剧，如果人类只一味地对地球予取予求，那么终将有一天会自食恶果。

奥尔梅克民族：美洲文明的始祖

在很长一段时间里，人们几乎都认为，神秘的玛雅文明和有着"众神之城"称号的特奥蒂瓦坎就是美洲古代文明的最高体现。但事实上，在这两个民族文化兴起之前，美洲大陆上就已经存在着一个在当时高度发达的文明了，那就是奥尔梅克文明——它才是当之无愧的美洲文明的始祖。

在100多年前，或许还没有人知道奥尔梅克民族，但现在，现代考古学研究已经证实，奥尔梅克人正是美洲最古老文明的创造者。早在3200多年以前，奥尔梅克人就已经生活在墨西哥南岸的韦拉克鲁斯以及塔巴斯科两地的低洼沼泽地区了，并且在那里发展创造了高度发达的文明。之后，奥尔梅克文化在历经多次战争后，影响逐渐扩大，东南方向延伸到了危地马拉一带，西方则扩展到了阿尔万山的沙波泰克人地区，并横过中墨西哥，一直延伸到达特奥蒂瓦坎和塔希。

很显然，不论是玛雅文明还是特奥蒂瓦坎文明，实际上都继承了奥尔梅克文化，单从城市的布局和建筑设计以及其所体现出的文化艺术方面，我们都能从中看到奥尔梅克文化的影子。可以毫不夸张地说，正是奥尔梅克文化这个"大熔炉"，冶炼出了在哥伦布之前的中美洲的神秘文化，而这种在当时极其先进的文化，直到20世纪才被考古学家所发现。

自从发现奥尔梅克文明之后，考古学家对此做了大量的研究，但令人遗憾的是，由于资料过于贫乏，直至现在，对于奥尔梅克文明，考古学家们依旧知之甚少。在许多方面，奥尔梅克文明都留下了难以解开的谜团，或许正是这些找寻不到答案的谜团，给这个文明增添了更多的神秘性，一直强烈地吸引着人们的兴趣，但同时也以一种拒绝的姿态，让人难以靠近、探究。

据考古学家研究发现，奥尔梅克文明前后持续的时间大约有1200年，从公元前13世纪开始，到公元前1世纪结束——在这个时期，奥尔梅克人神秘地消失了。在这段时间里，中美洲大部分地区都能考察到当时奥尔梅克文明所残留下来的遗迹。从这些遗迹中，我们得以窥见当时奥尔梅克人精湛的建筑艺术，并且得知，他们非常擅长用巨石来雕刻巨大的人头像，并且能够在坚硬的翡翠上雕刻出精致的小雕像。玛雅人精美绝伦的雕刻技艺显然正是承袭了奥尔梅克文化独特而奇妙的艺术风格。

从奥尔梅克人的古城拉文塔旧址可以看出，在当时，城里建造有土墙环绕的四方形广场，以及沿着正南正北方向而建造的祭祀区，而这种城市建筑的布局形式在后来则成为了几乎所有中美洲城市建设的原型。

不得不说，奥尔梅克给南美洲留下了难以估量的巨大文化遗产，但与此同时，却也留下了至今难以解释的千古之谜。在奥尔梅克文明取得最高成就之时，这些创造了辉煌文明的奥尔梅克人却消失了，神秘而突然，大约仅仅用了100年左右的时间，这些人就完全抹去了自己的踪迹，不知去向。没有任何人知道当时究竟发生了什么，也没有任何线索能让我们追查。

近年来，位于韦拉克鲁斯和塔巴斯科地区的四个奥尔梅克遗址——赛罗斯湖、圣罗伦索、特雷沙波泰以及拉文塔等地有文物相继出土，也让人们对奥尔梅克民族有了进一步的了解。

正如此前提到的，奥尔梅克人大约是在公元前13世纪便在此地繁衍生息的，而奥尔梅克文明发展的全盛时期，则是从公元前8世纪开始。在此后数百年的时间里，奥尔梅克文化得到了空前蓬勃的发展，在文化、艺术、历法以及天文等方面都取得了惊人的成就。

在奥尔梅克人所留下的遗迹中，最令人感到震撼且困惑的，无疑是那些用玄武巨岩雕刻出的巨大头像。这种头像都是用整块的巨大岩石所雕成的，平均高度达到3米，考古学家一共发现了14座这样的雕像。而在已发现的这些巨头雕刻中，最大的一座达到了3.3米，重30吨以上。

在这些雕像中，最令考古学家们感兴趣的是一座仰望天空的头像。这座头像"长"的很特别：扁平脸，厚嘴唇，嘴角微微下垂，眼睛狭长，鼻子短而阔。有人猜测，这座雕像所表现的，是一个人在观察星空或天象，但也有人觉得，这座头像并不是一个人，而是一只猴子的头像。不管怎么样，按照当时的技术水平来说，要完成这种巨石雕刻是非常困难且辛苦的，奥尔梅克人愿意花费大量的时间和精力来做这件事情，那么这件事情必然对于他们来说有着别样的意义。只是很可惜，不管是考古学家、人类学家还是动物学家，至今都没有找出这个令人好奇的答案。

在拉文塔的奥尔梅克宗教中心，考古学家们还发现了一块巨大的石碑，名为"帝王碑"。这个石碑足足有2.6米之高，以浅浮雕的方式雕刻着一些人像。这些人像中，有一个人看上去十分尊贵，头上佩戴着多种头饰，双手紧握着看似像权杖或者武器之类的东西。其他的人像都环绕在他周围，姿态恭顺，看上去似乎是他的臣子或仆从。考古学家们惊讶地发现，这块石碑的雕刻风格竟与玛雅人的石刻有着惊人的内在联系，再一次佐证了奥尔梅克文明对于玛雅文明的影响。考古学家也由此推断，玛雅人在石碑上记载年、月、日的习惯，或许正是承袭了奥尔梅克人，只不过早在至少2500年以前，奥尔梅克人就已经发展了自己的天文学和历法了。

考古学家们通过研究还发现，在有迹可循的奥尔梅克人历史的末期，数学和历法似乎引起了这个民族极大的兴趣，甚至有人认为，玛雅人所使用的数字写法，最早实际上是由奥尔梅克人发明的。

奥尔梅克人在美洲文明中的"始祖"地位几乎无可撼动，但对于这个神秘民族的来源和去向却始终是个难解的谜。对于奥尔梅克民族的来源，目前学者们有两种不同的看法，这两种看法分别被称为"开放派"和"本土派"。

"开放派"以哈佛大学学者为代表，他们认为奥尔梅克民族实际上是亚裔的流亡者和探险家，他们在哥伦布之前抵达美洲，并在那里建设了美洲历史上的第一个文明——奥尔梅克文明。之所以有这样的想法，其中一个原因是，奥尔梅克的艺术风格与古代中国殷商时期的艺术风格在某些方面有着惊人的相似。

"本土派"主要以耶鲁大学教授库厄为代表，他们坚持认为，奥尔梅克文明是土生土长的，并非来自别的地方。

这两个观点孰是孰非，目前并没有定论，但在1982年前后，美国加利福尼亚南部海岸地区曾先后发现了五只古代海船的锚以及其他一些船具。经中美专家联合鉴定后发现，制作这些锚的石料很可能来自于中国南部海岸地区或台湾省中、东部地区，这意味着这些锚应该是属于当时古代中国的。随后，科学家又继续对这些锚的表层进行了研究，推算出它们很可能已经在这里3000余年了。有趣的是，这个时间正好与奥尔梅克文明的兴起时间相吻合，殊不知这究竟是个巧合，还是某种证据呢？

而对于奥尔梅克民族的神秘消失，目前我们仍旧找不到任何线索，或许在未来的某一天我们会找寻到答案，也或许，这将会成为一个永远的谜团。

昙花一现的印度河流域文明

历史往往与现在有着惊人的相似，因此，对历史的研究实际上也是对现在的提醒。人类的文明之火已经燃烧了6000多年，现如今人类文明所抵达的高度，都是在祖先的智慧与创造性基础上堆砌起来的。我们追寻那些遗落在历史深处的古文明，既是对祖先智慧的崇敬，也是希望能够从中得到一些启示与警惕，避免人类文明重蹈覆辙，被掩埋在历史的尘埃之中。

作为世界上最古老的文明之一，印度河流域文明发展水平相当高，但令人惊讶的是，它消失的速度也非常快，并且甚至几乎对继而兴起的另一种文明没有产生任何明显影响。这是非常奇特的现象，昙花一现的印度河流域文明究竟发生了什么呢？

20世纪20年代，考古学家们在印度次大陆西北部的印度河流域地区发现了一个高度发达的古文明遗址，自此，印度河流域文明终于进入了人们的视野。据考古学家推测，这个文明大约存在于公元前3千纪中叶，一直延续到公元前2千纪，存在了至少1000余年。

该文明地域分布范围也非常广，迄今为止，人们已经发现了数百个同属于这一文明的遗址。据此推测，该文明的地域范围北起喜马拉雅山南麓的萨雷·科拉和坚戈，南至阿拉海坎贝尔海湾的坎吉达尔，东延伸到今天的印度共和国首都新德里附近的阿拉姆吉普尔，西抵达今天的巴基斯塔与伊朗交界处的苏特卡根·杜尔，总覆盖面积超过了50万平方公里，是至今为止发现的同一时期尼罗河流域和两河流域文明中覆盖面积最为广大的古文明。

从发展水平上来看，印度河流域文明应当属于较为发达的青铜文明，根据所发掘的遗址可以看出，该文明在兴盛时期所建立的城市，无论是规划布局还是建筑水平都令人叹为观止。以当时最为重要的，有"文明双都"之称的大城市哈拉帕和摩亨佐—达罗为例，从城市规划上来说，这两座城市都分为东西两个城区。东城区主要是居民住宅区，街道纵横交错，最宽达到10米左右。在街道下面，修建有连接着各户居民屋的下水道，通过这些下水道，污水会被排放到城外。位于街道交叉或者拐角位置的建筑一般都是圆形的，在一些比较大的路口，甚至有类似于今天的交通岗形式的建筑。西城区则主要是一些公共建筑，建造在一个有10余米之高的高台上，周围也是高达10余米的城墙，看上去颇像一个"城中城"，主要包含有公共粮仓、大厅以及大浴池等建筑。

据推算，当时哈拉帕城的人口大约达到了3.5万，而摩亨佐—达罗的人口则达到了4万之多。这在当时的城市规模和发展水平里，都算得上是独一无二的。甚至可以说，大概只有在它之后数百年的罗马帝国时期的大城市能与之相提并论。

印度河流域文明的发现彻底改变了千百年来人们一直所以为的"印度历史源于吠陀文明"这一观点，摈弃了英国人长久以来一直坚称的"印度文明外来说"观点，同时也让人们认识到了古代印度先民们的智慧与创造力。但同时，印度河流域文明也给后人留下了许多的困惑。

在印度河流域文明的遗址中，考古学家发现了上千个印章，这些印章上刻着某种符号，学者们已经确定，这应该是一套古代早期的文字系统。由于印章不甚齐全，至今为止，人们也没有能够完全读懂这些文字。考古学家在研究稍晚一些出现的吠陀梵文文献的时候发现一个很奇特的现象，这里头竟然鲜少有关于印度河流域文明的明确描述，即便有一些章节字句似乎指向这一文明，但其描述也更多地充满了暗喻和神秘色彩。由此可见，兴盛一时的印度河流域文明在当时不知因为何种原因，突然之间便消失了，以至于对它之后所兴起的文明进程居然几乎没有产生任何实质性的影响。这究竟是怎么回事？这个曾高度发达的文明究竟遭遇了什么？

现如今去探查这个问题，我们已经很难找寻到严谨的科学证据了，学者们只能通过一些零星的记载以及自己的推测去提出一些观点。

1.自然灾害说

这一观点是由以R.L.雷克斯为代表的学者们所提出的，他们认为，摩亨佐—达罗等城市曾先后数次遭遇洪水灾害，在这数次洪灾之中，至少有五次，洪水所带来的淤泥几乎将这一城市完全掩埋。由此可以推断，印度河流域文明之所以突然消失，很有可能是因为当时遭遇到了诸如火山喷发或者地震之类的大规模自然灾害，并引发印度河大规模泛滥，从而冲毁并掩埋了这一文明。

2.内乱说

这一观点主要是由一些研究西亚历史的学者所提出的。西亚地区文明的衰落正是源于频繁的战乱，考古学家曾在这两个地区都发现了属于彼地的印章和砝码等物品。因此，学者们认为，印度河流域的情况很可能与当时两河流域地区的情况相类似。学者们表示，当时在哈拉帕和摩亨佐—达罗等大城市里，很可能已经出现了严重的阶级分化，建立了奴隶制度。而当阶级内部的矛盾达到不可调和的程度时，战乱也就爆发了，而随着城市经济的停滞崩溃，文明则不可避免地走向了衰亡。

3.蛮族入侵说

最早提出这一观点的是英国学者韦尔勒，他的这一观点提出之后得到了不少学者的赞同。学者们指出，在哈拉帕和摩亨佐—达罗等城市遗址中可以看到，这些城市周围都布置了防卫措施。尤其是在摩亨佐-达罗城所发现的一些人体遗骸，部分还保留有明显的刀砍伤痕。可见，当时这些城市并不是那么太平，甚至很有可能遭遇了外来的战争。因此，不少学者认为，印度河流域文明是被西北部的雅利安人所摧毁的。

4.核爆炸说

这大概是所有观点中最奇特也最匪夷所思的了。这一观点是在20世纪70年代被提出的，当时在摩亨佐—达罗的城市遗址中，有一块被称为"玻璃城"的奇特区域，这里寸草不生，最奇特的是其中有一个巨大的坑，在这个大坑周围，几乎所有东西都呈结晶状。因为这种奇特的现象，使得这一区域一直被当地人奉为神圣的禁地，学者们也很难对其展开进一步的探索和研究。后来，一些来自法国的学者终于获得批准，从"玻璃城"取走了一些样品。

通过对样品进行研究分析，这些学者得出了一个十分惊人的结论：该地区的奇特状况是由核爆炸所引起的。学者们认为，大坑周围所出现的结晶体，很可能是陶器、石器等迅速融化而结成的，而只有当周围的环境温度骤然升至1000摄氏度左右的时候，才会发生这一系列的变化。此外，这些学者还指出，在《吠陀》诗篇中有这样的诗句："燃起巨大的火球，30万大军瞬间化为灰烬。"这其中所描述的，很显然就是核爆炸的场景。

以上所提到的这些观点都有各自的不足和缺陷，仅仅依靠历史学和考古学的研究，或许没有办法解开这个千古谜题了。英国史学理论家汤因比说过这样一句话："一个社会在其生存过程中会遭遇到各种各样的问题，每个成员都必须以最好的办法去应对解决，每一个问题的出现实际上都是一次经受考验的挑战。"显然，在那一场挑战中，印度河流域文明并没有经受住考验，最终沦为了历史的失败者。

高棉遗珠：曾经的辉煌与荣光

1992年，位于柬埔寨暹粒市吴哥通王城南郊的吴哥窟被正式列入世界遗产名录。吴哥窟是一个神庙建筑群，是整个吴哥遗迹的精华，其梵语名称的意思是"寺之都"。大约公元12世纪的时候，古代高棉帝国国王苏耶跋摩二世为供奉毗湿奴，倾尽举国之力，耗时三十多年建造了它。

直至今日，哪怕高棉帝国早已经在历史的尘埃中灰飞烟灭，这座神庙的香火却依然鼎盛，吴哥地区的佛教徒们依然会到这里虔诚地上香，平静地交流，而除了他们之外，来自世界各地的探险家和观光客们也络绎不绝，为这座古老的神庙带来了似乎完全不属于它的现代气息。

吴哥是独一无二的，作为高棉帝国的遗珠，它承载着这一文明曾经的辉煌与荣光。宏伟壮观的雕像，优美生动的飞天女神，无一不显示出那个消逝在历史深处的王国曾经的繁荣与富强。

在柬埔寨的历史上，"高棉"是一个极具影响力的民族的名字。在17世纪以前，高棉帝国的版图几乎囊括了整个东南亚地区，可谓盛极一时。历史上高棉帝国的兴盛期长达500余年，作为它的首都，吴哥城曾是一个拥有百万人口的大都市。从新时期时代开始，高棉人的祖先就已经定居在吴哥地区了。那时，吴哥附近的洞里萨湖拥有大量肥美的鱼群，高棉人的祖先正是被这些来自大自然的馈赠所吸引。

高棉人的信仰非常广泛，他们认为万物皆有灵，万物皆为神明。大约在公元1世纪初期的时候，高棉与印度之间的贸易促进了印度教和佛教的传入。在高棉王朝时期，一直占据主要地位的宗教是印度教，但到了公元12世纪末期的时候，其统治者苏耶跋摩七世却将佛教确立成为高棉的国教。

在高棉帝国建立之前，高棉地区散布着几个彼此独立的小王国，一直到公元8世纪后期，这些小王国才被苏耶跋摩二世所征服，自此才建立强大的高棉帝国。吴哥被苏耶跋摩二世选中，成为了这一新兴帝国的都城。

作为新帝国的最高统治者，苏耶跋摩二世统治期间一直致力于帝国的扩张，最终，他成功征服了今天的马来西亚、缅甸、泰国以及越南的大部分地区，使得高棉王国成为当时东南亚地区实力最强、统治地域最广的国家。为了纪念这一史诗般的伟大胜利，也是为了向神灵表达自己的敬意，苏耶跋摩二世倾尽举国之力建造了吴哥窟。

这是一个规模十分宏大的佛教建筑群落，四面都有护城河，总长达到5公里以上。纵观整个寺庙建筑群，从藏经阁、修道院到圣殿，以及神态各异的佛像、栩栩如生的壁画，可谓构思精巧，应有尽有。在长达800米的回廊墙壁上，刻有许多不同题材、不同内容的浮雕，这些浮雕中大部分的灵感都来自于印度史诗《摩诃婆罗多》和《罗摩衍那》。修筑这座神庙的初衷之一是为了纪念苏耶跋摩二世的战功，因此，这些壁画中也不乏许多表现苏耶跋摩二世率兵征战四方的画面。

吴哥窟的设计者究竟是不是这位伟大的国王，或者是某个天才的建筑师，如今已经无法考证了，但可以确定的是，从吴哥窟整体的建筑空间和雕塑艺术之间的和谐性来看，这一切必然都是出自同一个人的手笔。吴哥窟不仅仅具有很高的艺术价值，同时也具有重要的历史价值，它无疑是当时高度繁荣的高棉王朝政治、经济、文化、宗教以及社会等多个方面的缩影，它的建成同时也标志着高棉文化的基本形成。

在苏耶跋摩二世死后，高棉王朝陷入了动乱，1167年，居住在越南中部的游牧部族趁机起兵反叛，并于1177年5月15日成功将吴哥城攻陷，这些粗鲁的人蜂拥挤进了吴哥城，用极其粗暴的方式占领并毁灭了这座城市。

但这些游牧部族对吴哥的统治并没有持续太久，公元1181年，因吴哥陷落而被流放的王子，也就是后来的苏耶跋摩七世，带领着一支高棉军队打回吴哥城，成功地赶走了侵略者，恢复了对高棉的统治。这时候的吴哥城已经在战火之中变得残破不堪，这位新的统治者决定，用石头在吴哥旧城的遗址之上重新建造一个全新的吴哥城。就在此时，今天我们所看到的吴哥标志性建筑拔地而起，其中包括了普伦寺、圣剑寺、斗象台，以及国王最为伟大的杰作，吴哥最引人注目的建筑——巴扬寺。

吴哥依然是高棉王朝的首都，直至1431年，暹罗军队的入侵使高棉人不得不放弃吴哥，高棉帝国也就此走向了灭亡，而曾经盛极一时的吴哥王朝也在随后的100年里逐渐衰落，最终隐没在丛林之中。而吴哥窟则因宗教缘故被幸运地保留了下来，在历史的洪流中昭示着高棉王朝曾经的辉煌与荣光。

悬崖边上的阿纳萨齐

　　阿纳萨齐是北美古文明之一，这里的人们也被称为古普韦布洛人，生活在北美西南地区一片贫瘠而干燥的土地上。即便如此，他们还是利用自己勤劳的双手创造了令人惊叹的古文明：他们的城市建造在悬崖峭壁上，他们的城市为人们提供公共住所，他们以编筐文化而闻名。但突然有一天，他们消失在了生活了数百年的土地上，成为了一个不解之谜。早在哥伦布发现美洲大陆之前，他们就已经在短短的时间内有了相对发达的文明。

　　要追寻他们的足迹，可能要将历史推到公元前12世纪，而他们真正建立一个完善的社会，则是在公元前100年。那个时候，他们的文明还没有得到发展，各项知识都十分有限。因此，他们居住在简陋的房子里，穿着草鞋和用兽皮、羽毛等天然材料编制的衣服。他们的部落并不大，政府也很小。就是这样一个小小的村庄，在以后的几百年中迅速发展，尤其是编织技术，更是让他们进入了一个以"编筐文化"著称的时期。

　　到了公元400年左右，阿纳萨齐人已经改变了自己的住所，开始住在半地下的地穴式的住宅里。这些住宅用石板做墙，棚顶留出一个烟囱，地面留有一个象征地下洞穴的小洞。根据他们的传说，他们认为人类就是从地下走出来到地表的。在这一时期，他们的村庄得到了迅速发展，规模急剧扩张，农业知识也越来越丰富。但是他们的农业模式依旧不够先进，灌溉土地还是要靠雨水。他们的手艺不仅体现在编筐上，制作陶器也是他们的拿手好戏。整个北美西南地区，他们是第一个可以制造各种形状和大小陶器的民族。

到了公元700年，他们的文明进入了一个新的高度，住房从半地下搬到了地上，而地下成为了男人们的活动场所。他们的一切都在变化，只有他们精巧的手艺始终如一。随着人口的增加，他们的生活地点也转到了围绕地区中心的小村庄里。城镇发展为12个，一般的建筑物都有四五层之多。最有名的城镇是普韦布洛博尼托，它占地8英亩，有800套公共住宅。据科学家计算，建筑这800个住所群，大概用了150年之久。普韦布洛博尼托的人口有1200人，直到20世纪20年代，它仍然是美国最大的公共住所群。住所群的中心地带是露天的"基瓦"，它是原本处于地下的，由男人们的活动场所更改而来，建立在住所群的中心也体现了阿纳萨齐人的社会重心从母系转向了父系。"基瓦"是他们与神灵沟通的场所，依旧只有男人才能进入。

他们在高山的顶端建立了庞大的村庄，他们在山顶从事耕种，在山脚储存水和木材。后来，在山顶上的村庄逐渐被崖壁上的居所取代，他们建立了庞大的崖洞宫。整个崖洞宫有着200多间住宅，23个"基瓦"，组成了一座城市。想要进入这座城市是非常艰难而危险的，要从山顶一步步地爬下去。尽管如此，崖洞宫还是成为了该地区的中心，附近各种规模的村落都会来此进行贸易。也有科学家怀疑，他们将城市建成这样，是为了抵御外敌。美国亚利桑那州立大学的生物考古学家克里斯蒂·特纳博士曾对阿纳萨齐人的骨骼进行了研究，在电子显微镜和放大镜的轮番扫描下，从无数的骨骼中找到了吃人的痕迹。克里斯蒂·特纳博士最终得出了这样的结论："在美国的西南部和墨西哥，食人风俗有4个世纪之久。"阿纳萨齐人有规律地外出捕人，然后带回城市煮食，主要是用这种手段恐吓附近的部落。

在公元700年到1300年间，他们惊人的手艺又增加了一项，那就是建筑学。从城市遗迹可以看出，他们的建筑材料只有未经打磨的天然原石和泥灰浆，凭着这两种简单的材料，他们建造了数不胜数的住宅，而且十分稳固，有一些至今仍巍然屹立。

公元1300年，阿纳萨齐人走向了衰落，他们开始离开城市。由于他们没有文字，所以原因至今仍不得而知，但有许多理论被提出，包括外敌入侵、环境破坏、人口过剩等。其中可靠性最大的解释就是1276年到1297年北美西南部地区所发生的大旱。虽然他们的农业技术在进步，但是他们始终是依靠雨水进行灌溉的。凭天吃饭就要看老天的脸色，这场大旱的打击是灾难性的。他们开始向北方和南方迁徙，至于他们之中是否有部分成为了居住在格兰德河沿岸与16世纪西班牙人遇到的普韦布洛印第安人，就不得而知了。或许，阿纳萨齐人就是普韦布洛人的祖先，也未可知。

如今，阿纳萨齐文明的遗迹已经成了毒蛇、蝎子们的栖息地，附近最引人注目的是一座大型发电站。谁还记得在几个世纪前，有一群靠编筐闻名于世的建筑者们在这里居住了上千年呢？

从玫瑰城到亡灵之都

纳巴泰文明是从公元前6世纪开始的，他们生活在约旦南部地区。随后，他们逐渐迁徙到了阿拉伯半岛，建立了美轮美奂的佩特拉古城。他们雕刻在约旦山脉石头上的水利工程图和运河水库系统可以看出他们有着发达的文明，即便是在沙漠中，他们依旧可以不断壮大。时间到了公元前65年，罗马人打败了纳巴泰人，并且在公元106年完全控制了佩特拉。尽管被外族所统治，纳巴泰人依旧发挥着他们的特长，将佩特拉城建造的更加美丽。直到公元4世纪的一天，纳巴泰人离开了佩特拉，纳巴泰文明消失在历史的长河中。

纳巴泰人留给后世的东西并不多，人们想要了解纳巴泰文明，更多的是要靠那座被后世称为"玫瑰红的梦幻都城"——佩特拉城。而佩特拉城如今也在渐渐消失，沙漠中的狂风、高温，昼夜巨大的温差和偶尔的集中降雨，都让这座古城发生着不可逆转的变化。

想要一睹佩特拉的真容并不容易，来到它的面前，必须要穿越长达2000米的西克山峡。西克山峡蜿蜒狭长，不仅昏暗，还伴随着令人毛骨悚然的风声。走出山峡，佩特拉跃然出现在了岩石的尽头，佩特拉最有名的建筑——卡兹尼宫殿就出现在了眼前。宫殿的主体是在陡峭的岩石上开凿的，分为上下两层，高50米，宽30米。底层用来支撑的6根圆柱直径达2米。西克山峡南面的山腰上是欧翁石宫，大殿面积有几百平方米，但是却没有任何一根起支撑作用的柱子。欧翁石宫两边的石窟多达几百个，各自有着不同的职能，除了住宅之外还有寺庙、浴场、墓穴等公共场所。欧翁石宫斜对面是一座露天的罗马式大剧场，舞台用巨石铺砌而成，可容纳3000名观众。

就是这样一座精致而美丽的城市，被无缘无故地放弃了，不禁令人遐想，当年究竟发生了什么，这也成为20世纪考古学家们关注的严肃课题。考古学家们原本认为佩特拉城是罗马帝国控制下的一个城市，而且是一个巨大的墓地，一座亡灵之都。直到考古学家们从佩特拉挖掘出三个大型市场，才发现这里或许并不只是墓地。这里也曾有过林立的店铺，有着喧闹的商队，拥有一派繁华。而城市中的蓄水设备，更说明了佩特拉人有着出色的技术与文化。设施由一个大蓄水池来收集雨水和泉水，通过一条水渠将水送到城市中心的小水池。大水池还被安装了许多陶管，将水送到城市的各地。

　　根据当今学者们估计，佩特拉城全盛时期曾有居民多达3万，比早期欧洲的城市规模要大得多。除了石壁上有着大量开凿出的建筑外，还有着许多独立建筑，尽管大部分已经被摧毁，并且被风沙所掩埋。

　　至于佩特拉为什么会被遗弃这个问题，科学家们也在研究中推测出了一些答案。有些人认为佩特拉是失去了对于商道的控制才被遗弃的，这个说法显然不合理，佩特拉失去了对商道的控制，但依旧是文化中心，而且人们照常生活。佩特拉发生天灾才消亡的理论得到了广泛认可，佩特拉在公元363年极有可能遭到了一场地震的袭击。最早发现佩特拉发生地震的是一支来自瑞士的探险队，他们在城市中找到一具妇女的骸骨，她身旁还放着180枚硬币。考古学家对此的解释是，在一次地震里，这名妇女想要取回她的财产，却被坍塌的建筑压在了下面。地震摧毁了大多数建筑，但城市中幸存的居民却无心修复它们。考古学家日比纽菲玛说："沿着街道和长廊看看那些商店，你就会发现商店的主人根本不想清理那些碎石，宁愿在被震倒的建筑前重建房屋。这是城市财富和秩序开始衰退的迹象。"

　　公元551年，佩特拉再次遭受严重的地震，这次地震可能还伴随着火山的喷发。这个观点于1990年由一位美国东方问题研究中心的考古学家提出，他在1990年挖掘佩特拉遗址时找到了公元6世纪拜占庭教堂的墙壁和地板。地板由两块72平方英尺的镶嵌图案装饰而成，图中有长颈鹿、大象等动物，还有四季的象征，渔夫、吹笛人等劳动人民的形象。

一套40余卷的羊皮纸卷，虽大部分被焚毁，但至少部分文字可读。或许就是火山喷发引起的地震摧毁了拜占庭教堂，而火山喷发引起的大火烧毁了那些羊皮纸卷。

许多城市在地震和火灾后迎来了重建，佩特拉却没有。1991年，来自美国亚利桑那州的一群科学家给出了答案。在他们的研究中，老鼠、兔子或其他啮齿类动物都会将棍子、植物、骨头和粪便等收进它们的巢穴中。它们用尿浸透巢穴，尿中的化学物质逐渐硬化为一种胶状物，可以起到防腐的作用。这些动物的巢穴对于科学家们揭露历史的真相有着极大的帮助，尤其是在植被变化上。

遍布佩特拉的动物巢穴告诉科学家们，纳巴泰人独立管理佩特拉的时候，佩特拉四周的山地种满了橡树，到了罗马时代，橡树林开始飞快消失。人们为了建造房屋和获取燃料，大量地砍伐树木，将林区变成了灌木草坡地带。到了公元900年，无节制地放牧牛羊让草地和灌木林也消失了，佩特拉周围开始沦为沙漠。环境恶化才是佩特拉衰亡的主要原因，周围的环境已经无法为城市提供食物和燃料，那么城市的消亡只是时间问题。

如今，佩特拉依旧有埋在地下没有展现给世人的地方。或许在未来几十年里，人们将发现更多佩特拉从史前到伊斯兰时期的历史。

卡霍基亚的金字塔

在非洲北部的滚滚黄沙中，有一座座金字塔高高耸立着。这些金字塔不仅有着关于自己的神秘传说，更是许多游客去非洲必到的景点。金字塔有着自己独特的吸引力，但是有金字塔的可不仅是埃及，在北美第一大河密西西比河的中部大平原往南，存在着一处鲜为人知的遗迹。这处遗迹中不仅有金字塔，还有城市，根据历史学家的推断，这座城市是美国境内出现的第一座城市。这处遗迹名为卡霍基亚。

古埃及的金字塔和墨西哥玛雅文明建造的金字塔，无论是谁看见都会永生难忘，那一座座用巨石堆砌起来的、高度惊人的建筑，气势磅礴地耸立在你的面前。卡霍基亚的金字塔却与它们不同，站在它们中间显得有点不上"档次"。卡霍基亚的金字塔是使用泥土建造的，当地人也称之为土丘。

在2007年，美国《生活科学》杂志将卡霍基亚与雅典、罗马等城市并列为世界十大古都，修建卡霍基亚这座城市的是北美印第安人的一支，他们最著名的事迹就是用泥土来建造金字塔。

在公元900年到1350年间，卡霍基亚一直是密西西比文明的中心，也是北美洲墨西哥城以北最大的城市。在公元1050年，卡霍基亚的人口达到了两万人。两万人，放在今天可能只是一座小镇的规模，但是在那个时代，两万人已经超过了伦敦的人口总数。卡霍基亚的城市规模非常庞大，其中大大小小的金字塔有120座之多，其中大部分保存完好。

巨大壮观的城市周围有着许多村庄和同样拥有金字塔的卫星城，而城市中心是一座占地面积超过5.3公顷，比埃及最大的胡夫金字塔还要大的"僧侣丘"。"僧侣丘"一度是整个北美洲最高的建筑物，这个记录直到19世纪中叶，纽约开始建造摩天大楼才被打破。

为了方便研究卡霍基亚的建筑格局，科学家们将这些"土丘"进行了编号，整个过程让研究人员十分惊讶，卡霍基亚的建筑格局是按照天象来排列的。以僧侣丘为中心，僧侣丘与南面72号丘的连线就是整座城市的中轴线，而僧侣丘的东西两侧分别对称分布着27号丘和43号丘。每年的春分和秋分两天昼夜长度是相等的，站在僧侣丘上往东看，太阳升起时与27号丘相连，太阳落山时，又与43号丘相连。夏至和冬至时，日落日出也都可以用僧侣丘和其他土丘的连线来表示，或许这是为了强调首领与太阳的关系。

1966年，威斯康辛密尔沃基大学考古学家梅尔文·福勒在卡霍基亚从事考古挖掘工作，在研究前人留下的地图时，他发现之前的学者们都是从建筑分布来研究卡霍基亚的，很少有人从整体的布局来研究这座城市。卡霍基亚的地图更是从1876年绘制了一张详图外，再没有使用新技术更新过。福勒马上组织一只测绘队，用老地图加上新技术，绘制出了一份全新的地图。这份地图让福勒如获至宝，他发现整个卡霍基亚都是按照集合原理建造的，大部分土丘都是平顶或者圆锥形，只有少数是脊顶形，而脊顶形建筑似乎也按照着某种规律分布在城市里。脊顶形的建筑显然比其他形状的建筑有着更加重要的意义，经过测算，福勒将注意力放在之前被认为是自然形成的72号土丘上。

卡霍基亚的土丘大多呈南北排列，而72号丘是呈西北—东南排列的，这与冬至日出—夏至日落线相重合。多年的考古经验让福勒认定72号丘对于卡霍基亚有着非同寻常的意义，他马上就决定将这里作为考古工作的突破口，动手进行挖掘。

事实证明福勒是正确的，刚刚开始发掘，工作人员就发现一个安插柱子的圆洞出现在了福勒计算好的位置，这绝不是巧合。于是，卡霍基亚长达5年的挖掘工作正式开始了。

72号丘内部包含了数个更早修建的土丘，在更小的土丘中出土了大量的陪葬品和一具40出头的男性首领遗骨。被发现时，这具遗骨就躺在2万块贝壳组成的披肩上，贝壳来源于密西西比河流入的墨西哥湾。除了首领外，其内还有12个陪葬者，从这些陪葬者身边还发掘出800枚制作精良的石质箭头，陪葬者的身份很可能是保护首领的士兵。

中央小丘中也发现了尸骨，其中4具男性尸骨没有双手，53具女性尸骨则相对完整。这些尸骨经过检查，发现并不是陪葬者，而是殉葬者，女性的身份也不是卡霍基亚居民，从骨骼上来看是来自其他部落。而在另一座深坑的最底层中，还有40具被残忍杀害的尸骨，并且有14具是被放在与其他尸骨不同的杂物上。

72号丘为我们揭示了卡霍基亚社会森严的等级制度，而在其他印第安文明中也曾发现类似的殉葬方式，这极有可能是对印第安的圣城卡霍基亚模仿的结果。

四边形金字塔，对称的城市布局，这一切都与中美洲古文明十分类似。也有科学家提出，玛雅人有着一定的航海技术，建造卡霍基亚的密西西比人会不会是穿过墨西哥湾的玛雅人的后裔呢？1971年，僧侣丘出土的石板上，雕刻着带着鸟面具、手臂变成翅膀的人物像，这与玛雅文明英雄的造型非常类似。可惜密西西比文明没有文字，没有任何可以解释这一切的证据。

在公元1200年左右，印第安圣城卡霍基亚的人口数开始锐减，庄严的祭祀场所已无人管理，城市逐渐失去应有的秩序。到了13世纪后期，卡霍基亚这座伟大的城市如同其他孤独的遗城一样，被密西西比人遗弃了。密西西比人到哪去了？为什么要遗弃卡霍基亚？这些至今仍是解不开的谜团。有人曾假设，是不是欧洲殖民者的入侵消灭了卡霍基亚的居民。这个答案无疑是错误的。卡霍基亚被完全遗弃200年时，哥伦布才来到美洲，发现了新大陆。无论是气候变化、瘟疫流行还是外敌入侵，都不足以解释卡霍基亚衰落的原因。但不管是为什么，这座保存非常完好的城市至今仍对人们诉说着它曾有的辉煌。

阿克苏姆：东非的明珠

　　提到埃塞俄比亚你会想起什么？殖民历史、政治混乱、贫穷、东非大裂谷？几乎不会有人记得，在人类漫长的历史上，埃塞俄比亚所在地曾有一个著名的文明古国——阿克苏姆。阿克苏姆曾繁荣一时，在公元3世纪，一位波斯作家的作品中，它与罗马帝国、波斯帝国和中国并列世界四大强国。而阿克苏姆古国最为繁荣昌盛的时期，是在公元1世纪到11世纪。

　　阿克苏姆这个名字来自于一位在埃及亚历山大城经商的希腊商人，他创作了一本名叫《红海回航记》的地理书籍。公元2世纪，托勒密所著的地理书籍中，也提到了阿克苏姆。这两本书对于阿克苏姆的记载并不详细。所以，对于阿克苏姆的研究并没有什么参考文献。如今考古学家们研究阿克苏姆国时，只能借助一些碑文、铭文和出土的文物。

　　公元前1世纪，阿克苏姆成为重要的贸易港口，任何通过红海的贸易都会经过阿克苏姆的首都阿克苏姆城。而红海过境贸易加上阿克苏姆本国的对外贸易，给阿克苏姆国带来了惊人的财富，让它变得更加繁荣昌盛。

公元3世纪，阿菲拉斯成为了阿克苏姆的国王，他命令军队跨过红海，去征服更多的土地。最终的结果是，也门地区并入了阿克苏姆的版图。从此以后，红海两岸的港口都落入了阿克苏姆的掌控之中。公元4世纪，阿克苏姆进入了全盛时期，国家领土不仅有埃塞俄比亚北部的大部分地区，还有阿拉伯半岛的南端，最远曾渡过尼罗河，远征苏丹境内的另一个非洲古国麦罗埃。强大的阿克苏姆控制住了红海两岸的广袤地区，控制了作为红海通往印度洋门户的曼德海峡，让阿克苏姆成为了海上贸易中绕不过的一环。

国力的强盛令阿克苏姆的统治者越来越膨胀，他们开始采用"万王之王"作为自己的称号，并且在铭文中使用"战无不胜"、"所向披靡"、"顺我者昌，逆我者亡"等词汇来形容自己，他们热衷于开疆辟土，喜欢将自己统治的地区罗列进去。他们的宫殿也越来越雄伟，礼仪阵仗也是越来越大。

"万王之王"所统治的地区过于广大，不可能完全亲自管理，所以将周围的领土划分成了许多藩属国，每年藩属国都要将贡品和赋税送往首都，有时候"万王之王"也会带着家属、宠臣去藩属国巡游，沿途各地的藩王也会将贡品献上，并安排"万王之王"的饮食起居。

阿克苏姆国不仅在周边地区名声赫赫，在国际外交界也享有崇高的地位。4世纪初期，罗马帝国的皇帝君士坦丁就宣布，阿克苏姆的公民在罗马享受与罗马公民同样的待遇。公元6世纪，波斯帝国崛起，开始向阿拉伯半岛扩张。拜占庭帝国受到了威胁，阿克苏姆国赖以为生的红海商路也受到影响。两个国家为了对付波斯，结成了牢不可破的联盟。东罗马皇帝查士丁尼也数次向阿克苏姆派出使臣，两国建立起友好关系。哪怕是在敌国波斯，阿克苏姆的使节也会得到很好的待遇。

世界大国级别的强盛，商路命脉带来源源不断的财富，并肩作战的强大盟友，种种条件加起来让人怎么都想不到阿克苏姆国家会被毁灭，而且是以一种毫无强国风采的面貌被毁灭。

公元7世纪，阿拉伯人开始崛起，在"圣战"大旗的号召下，阿拉伯人的钢铁洪流从阿拉伯半岛冲了出来，一个又一个的地区被征服了，一个又一个国家被摧毁了。等到阿拉伯人的疯狂扩张结束后，红海地区已经诞生了一个地跨亚非欧三大洲的阿拉伯帝国。

阿克苏姆国没有在这次阿拉伯帝国扩张中被摧毁，但是也因此陷入了尴尬的境地。阿克苏姆国陷入了阿拉伯帝国的包围中，接着阿拉伯人和土耳其人垄断了东西方的贸易，这段时间长达近千年。有相当多的贸易经由波斯湾和阿拉伯半岛北部进行，而途径红海的贸易也不再是阿克苏姆国所能控制的了，曾经富甲天下的贸易中心阿克苏姆国，如今居然被彻底孤立在印度洋贸易网之外，就连阿克苏姆最著名的港口阿杜利斯也被渐渐地废弃了。

失去红海贸易的垄断权，让阿克苏姆国大受打击。阿克苏姆拥有的一切，包括豪华的宫殿、教堂，昌盛的文化，强大的军队，奢侈的生活，极高的国际地位，全都与红海贸易的垄断权有关。一旦失去这一权力，阿克苏姆国将不可避免地走向衰弱，被繁荣所掩盖的国内矛盾马上就展露了出来。

虚弱无力的"万王之王"再也不能肆意地挥洒自己的愤怒，让周边的藩属国俯首称臣了，藩属国和周边小国的统治者们开始挑战"万王之王"的权威。居住在阿克苏姆北方的游牧民族贝贾人率先发难，他们成立了一些小国家，并且不时地进入阿克苏姆国"打秋风"，这无疑加大了阿克苏姆国内的压力。

国内的压力越来越大，国外的矛盾越来越多，终于一场大动乱在阿克苏姆国爆发了。一位名叫古迪特的女藩王领导了一场将"万王之王"赶下王座的战争。一个又一个城镇在战争中被摧毁，"万王之王"如同丧家之犬一般从一个地方逃到另一个地方。这场动乱成了压垮阿克苏姆国的最后一根稻草，阿克苏姆国从公元10世纪开始，再难有翻身的资本。

红海贸易日渐衰落，贝贾人不断的侵扰，阿克苏姆国的经济中心和政治中心在不得已的情况下开始向南转移，阿高人居住的地区开始变成王国的中心。靠着本地人的优势，大批的阿高人在宫廷或者军队找到了工作。阿高人的首领开始与王室联姻，地位水涨船高，最终完全控制了这个国家。在公元12世纪，阿高人建立了一个新的国家，名叫扎格维，阿克苏姆国被彻底取代了。

阿克苏姆国的历史有上千年，从兴盛到覆灭，再到最后的贫穷与混乱……在阿克苏姆国的经历中，我们应该可以得到一些历史的启示。

迈锡尼文明：拉科尼亚的统治者

电影《特洛伊》讲述了一个爱情故事和一场旷日持久的战争。在整部电影中，希腊武力最为强大的城邦斯巴达与小亚细亚古城特洛伊的战争是最大的看点，特洛伊王子帕里斯和斯巴达第一美女海伦也成了片中最为出彩的角色。在片中，有一个不可忽视的角色，他就是一心想要统治特洛伊的野心家——阿伽门农。

电影中以悲剧结局收场的阿伽门农就是迈锡尼各国的统帅，在《荷马史诗》中对于阿伽门农有着更多的描述，也有着关于迈锡尼文明的描述。然而对于迈锡尼文明，除了《荷马史诗》外的文字记载并不多。而《荷马史诗》因为体裁的限制，一度被认为只是神话传说而已。直到有一天，特洛伊被发现了，阿伽门农的都城被发现了，阿伽门农的坟墓被发现了……从此，研究迈锡尼文明才被考古学家们提上日程。

海里希因·谢里曼是一位德国考古学家，在那个人人认为《荷马史诗》是一部神话的年代，他就通过《荷马史诗》的记载找到了特洛伊。既然特洛伊是真的，那么迈锡尼文明也必定会存在。19世纪70年代，谢里曼前往希腊南部的一座小山，寻找阿伽门农的都城。1876年的7月，这一工作终于有了进展，谢里曼在迈锡尼著名的狮子门城墙内发现了几个竖着的墓穴，他立即断定，这就是阿伽门农的墓穴。谢里曼和助手们挖开了墓穴的门，而墓穴中的场面完全震惊了他们。在墓穴当中，大量的陪葬品随意堆放着，其中有大批的金银、青铜器，珠宝、饰品和武器都是精品。在最后一个坟墓中，谢里曼找到了墓穴的主人—— 一具戴着金色面具的干尸。尽管他宣布自己找到了阿伽门农的墓穴，但是考古学家们通过研究判断，这个墓穴的时间是在公元前16世纪，金面具通过鉴定也被证明是在公元前1580年制成的，这个时间远比阿伽门农的时代要早。但不论如何，这是一间迈锡尼王室的陵墓，而发现者是谢里曼。

随后，谢里曼还两次前往迈锡尼进行考察，在1884年，他又发现了更加重要的东西——迈锡尼王宫。这不仅解开了迈锡尼文明消失的迷团，更是让迈锡尼王宫周围的古代遗址重见天日，可以说后来研究迈锡尼文明的考古学家都要感谢谢里曼打开了这道大门。

在随后的几十年中，所有的考古发现都在不断证明《荷马史诗》的准确性。但只有一个最大的疑问始终没有揭开，那就是史诗中斯巴达国王墨涅拉俄斯和王后海伦的王国在哪里。根据记载，这一文明的所在地应该是在伯罗奔尼撒半岛东南部的拉科尼亚地区，但是在考察当中，整个地区都没有发现迈锡尼时期具备行政性质的宫殿遗址。或许，迈锡尼时代拉科尼亚的中心真的只存在于传说中？

这一情况直到2008年才有所改变，拉科尼亚的圣埃夫斯特瓦西里尼斯发现了线性文字B的泥板文书，这是一种早期希腊语的文字表达方式，是古希腊迈锡尼文明时期迈锡尼人所使用的。文书的内容涉及到了许多行政法规，并且从法规中我们可以看出，这个国家是高度中央集权的。这一发现说明了该地区具有行政中心的性质，拉科尼亚的中心找到了。

这个发现证明了迈锡尼人文明的中心在什么地方，之前迈锡尼人一直被认为与米诺斯文明有着千丝万缕的联系。迈锡尼文明的兴起时间确实与米诺斯文明的衰落时间一致，但更多的证据证明了在公元前1450年，迈锡尼人是入侵米诺斯王国所在的克里特岛，并取而代之成为爱琴海区域的统治者，与米诺斯文明并无太多的传承关系。

迈锡尼人从未建立过一个独立王国，许许多多的小城邦组合到了一起，通过共同的信仰、相同的语言和生活方式等这种化不开的亲密关系联系起来，尽管每个城邦都有自己的国王，但并不妨碍迈锡尼人在雅典、底比斯等迈锡尼之外的地方生活。

迈锡尼人生性好战，他们从出生不久就与刀剑、盾牌和铠甲为伍，死后的墓穴中更是少不了这些陪葬品，甚至墙上的壁画都是以战争和武器为主题。战争壁画为我们了解迈锡尼时代的战争提供了线索，我们可以了解到，每个城邦的国王都拥有数目不小的常规军，哪怕是和平年代，他们也驻扎在王宫里。他们是职业军人，生活由统治者负责。

他们骁勇善战，让他们有能力管理地中海地区的海上贸易，这也让他们的口袋里总是有黄金不断流入，但好战性也是导致他们灭亡的根本原因。根据《荷马史诗》的记载，特洛伊战争打了10年，尽管最终联军获得了胜利，但迈锡尼的国力也被耗损大半，变得虚弱不堪。野心勃勃的统治者阿伽门农在回国的路上，被妻子的情夫艾奎斯托斯杀害，在没有指定继承人的情况下，王族内部发生了动乱。许多历史学家并不相信一个国家的兴亡仅仅由一个国王的生死就能决定，他们从《荷马史诗》的其他线索进行了推测，特洛伊战争前希腊北部的游牧民族就进入了迈锡尼文明的地盘，这些游牧民族导致了迈锡尼文明的毁灭。也有人认为，游牧民族也并非是迈锡尼文明毁灭的元凶。有种种迹象表明，在入侵者尚未到来之前，迈锡尼文明已经开始衰落了。具体原因可能是天灾，也可能是内战。总之，迈锡尼进入了一个食物短缺的时代，饥荒让人口减少，许多人为了生存离开了村庄。

无论造成迈锡尼文明消失的原因是什么，我们可以肯定的是，在特洛伊战争之后不久，迈锡尼文明就在一次重大打击中崩溃了，他们的城市被焚毁，家园被遗弃，整个希腊都受到影响，由"青铜时代"进入了"黑暗时代"。这段衰败的"黑暗时代"长达300年之久。

和平与发展才是当今社会的主题，历史上消失于穷兵黩武的文明不在少数，迈锡尼文明有可能也是其中的一支。毕竟迈锡尼文明消失的时间可以确认是在特洛伊战争之后，耗尽人力物力的迈锡尼，只要有任何一件不幸的事情发生，都会陷入崩溃状态。

诡异神秘的莫切文明

在南美秘鲁的北部海滨地区，有一片并不适宜人类生活的沙漠，这片沙漠被地质学家称为"超干沙漠"，不仅是人类，任何生物想要在这片土地上生活几乎是不可能的。但就在这个人烟稀少的地区，曾经有一个神秘的古文明，那就是莫切文明。莫切两个字的来历与远古时期这片土地上流淌着的河流有关，尽管河流早已干涸，但地质学家们还是用莫切两个字为这个文明命名。

在1899年，一位名叫马克·乌勒的德国考古学家在该地区进行挖掘工作。远古时代，人类的聚居地是沿着水源建造的，这里有一段已经干涸多年的河谷，那么这里在远古时代有人类聚居的可能性是较大的。乌勒在河谷地带找到了一些坟墓和遗迹，当时直觉告诉他，他可能发现了一个当时没有任何历史学家知道的民族遗迹。尽管这里曾经是河流，但人们还是认为在这一望无际的沙漠中怎么可能有人类生存呢？因此，这个消息没有获得任何人的重视。1946年，两位美国考古学家来到这里挖掘，发现了一个有5具尸体的坟墓。在这5具尸体中，考古学家发现这个坟墓存在的时期有着严格的社会等级制度和殉葬制度，因为除了坟墓的主人外，其他的4具尸体都是被活埋的。坟墓里的陪葬品也都是他们鲜少见过的，尤其是陶器，不仅精美，而且图案怪异。经过仔细观察，这些图案似乎有着不同寻常的意义，有的描绘的是生活场景，有的是在讲述一场战争，也有的是宗教祭祀画面。

在莫切文明被发现之前，秘鲁的印加文明、墨西哥的阿兹特克文明和中美洲的玛雅文明被认为是美洲最早的三大古印第安文明。这三大文明早在哥伦布发现美洲之前就已经在农业、天文、宗教等方面取得了辉煌的成就。而莫切帝国比三大印第安文明最早的印加文明还要早1000多年，并且他们的发达程度丝毫不比1000年后的三大印第安文明逊色。考古学家发现，在600公里长、800公里宽的沿海地带都留下了莫切人的生活痕迹，在鼎盛时期，在该地区居住的人口有10万之多。莫切人非常聪明，他们是善于利用安第斯山脉流下的河水来灌溉农田，他们选择种植农作物的土地非常肥沃，附近的海洋更是为他们提供了许多的水产资源。

只可惜，莫切文明没有文字，考古学家只能从废墟的壁画和陶器上的图案来研究，莫切人制造陶器的高超技艺令人惊奇，他们在陶罐上进行彩绘，图案多种多样，不仅仅局限于生活，更是有不少具有宗教和政治仪式的场面。特别引人注意的陶罐有两种，一种是上面画着充满"情色"内容的彩绘，这些彩绘展示了人、动物以及许多造型奇怪的神灵之间的性爱活动。学者们对其进行了研究，认为这些性爱不是为了生育，极有可能是一种神秘的宗教仪式，其中的大多数行为对于受孕没有帮助。

另一种陶罐上画着一种神秘而恐怖的图案，并且这种陶罐数量极大。画面的内容是，一个带着猫头鹰头饰打扮成武士模样的人，一个接一个地将看起来是奴隶或者囚犯身份的人的喉咙割开。旁边还有一个女人，扎着辫子，带着奇怪的头饰。女人拿着一个高脚杯，用来盛接囚犯的血。图案的上方有一个金字塔，一个穿着华丽、长着尖牙利齿、样貌十分凶恶的人端坐在上面。那人一手拿着权杖，一手拿过高脚杯，饮用其中的人血。没有被割开喉咙的囚犯来到他的面前，依次被砍头、肢解，有时候他手里还会提着一颗人头。

这些绘画反应了拿活人献祭的场面，考古学家认为长着利齿的人可能是莫切人信仰的神，叫作阿伊—阿帕埃克，印第安语是"斩首之王"的意思。陶罐上展示的内容过于残忍，不少考古学家不相信莫切人的献祭仪式如此恐怖。里面那些奇怪的人物一定是虚构的，也可能是莫切人想象出的人死后的世界，或者是神话故事。

究竟是真实还是想象？是祭祀仪式还是神话故事？那个样貌狰狞的是谁？那些穿着奇怪的人又是谁？这个问题引起了激烈的争论，并且在很长的时间里都没有一个答案。直到1987年的2月16日，一伙盗墓贼解开了这个秘密。盗墓贼是本地的居民，他们知道脚下的这片土地中极有可能埋藏着让他们一夜暴富的金银财宝。他们找到附近的一块荒地，朝下挖去，结果出奇的顺利，他们居然找到一个没有被打开过的墓穴，里面的金银财宝有上百件。分赃不均马上就让这伙盗墓贼起了纷争，其中一位成员甚至向警方报了案。警察立刻赶到了现场，并且通知了秘鲁的考古学家沃尔特·阿尔瓦。

阿尔瓦赶到警察局，当他看到桌子上摆着的金银器皿时，几乎不敢相信自己的眼睛，这将是一次非常重大的发现，对于揭开莫切遗迹的种种谜团有着极大的帮助。多年以来在莫切遗址中，考古学家们找到的只有陶器。考古学家们认为可能是盗墓者将大部分金银贵物盗走了，当然也不排除莫切人不会使用金银。

阿尔瓦马上召集学生们组成了一个考古小组，他们先清理了盗墓贼洗劫过的墓穴，并对墓穴进行了二次发掘。很快他们就发现，墓穴的另一边还有一面墙，这面墙上的砖已经被搬开了一些，露出了一个方形的小洞。阿尔瓦小组进入了这个盗墓贼还没来得及进入的小洞，刚刚进入洞口就发现了一具人类的骸骨。这具骸骨在下葬时被砍掉了双脚，阿尔瓦非常不理解。经过思考和讨论，他们得到了答案。这具骸骨应该是墓室守护者的，砍掉双脚他就不能擅离职守了。

几周以后，阿尔瓦小组在墓穴的最深处找到了还未打开的主墓室，这将对莫切文明的发现有着极大的意义，许多考古界争执不休的问题可能都会在这里得到解答，这简直就是中了一笔累积了1700年的大奖。

主墓穴中有6副棺材，都是木制的，有4副围绕着中间一副较大的棺材，中间那副棺材的主人明显与其他人地位不同，按照墓穴中发现的金银器皿，可以确定他的身份十分显赫，甚至有可能是莫切文明的统治者。他生活在公元300年左右，去世的时候大约40岁，历史学家将其称为西潘王。西潘王的尸骸从头到脚都被金银包裹着，手中抓着一个纯金制成的铲子，重达500克。头上和胸口都盖着奇怪的面具，身体和周围堆满了贵重的饰品和金银工艺品。周围的5副棺材看起来就没那么重要了，其中3副葬着女人，2副葬着男人，其中一具男尸的身边还有一条狗的尸体，可以说明莫切文明已经驯化了狗。他们的陪葬物十分简单，连一件贵重物品都没有。

对于这些人的身份，阿尔瓦一开始就走进了一个误区，他认为这些人是西潘王的陪葬。后来通过鉴定才得知，3具女尸死亡的时间要早于西潘王，这令他十分费解。除了西潘王的墓穴外，几个月后阿尔瓦小组又在这个遗址中找到了另外几具尸体，其中包括一个没棺材的小孩和两头骆驼。

西潘王的墓穴里发现的金银首饰展现了莫切文明最高的手工艺水平，无论是金银饰品还是贝壳宝石，造型都十分奇特，细节也非常完美。其中最引人注意的是一只只有硬币大小的金耳环。这件饰品用黄金和绿宝石制成，特别之处在于上面镶嵌了三个人像。中间的那个人穿着与西潘王十分类似，胸前还挂着一条用数个猫头鹰头穿成的项链。每个猫头鹰的头只有针孔大小，但雕琢得栩栩如生，非常精致。另一件饰品则显得非常奇怪，一个人类的头像印在了一只蜘蛛的背上，蜘蛛伏在一张蜘蛛网里。这件饰品构造十分复杂，共由7个构件组成，上面有三颗佩戴时会叮当作响的金珠。经过检验，这些首饰并不都是纯金的，有一部分使用了镀金工艺，而相同的镀金技术，欧洲在1000多年后才掌握。

莫切文明有着我们难以想象的高度，但根据碳测试的结果，到了公元

650年前后，莫切文明突然消失了。这究竟是什么原因呢？居然可以让一个有着相当文明程度的社会突然消失了。在考古学家的努力下，在距离莫切人定居点几百公里外的海岸找到了线索。

20世纪80年代，一位想要调查安第斯山脉古代气候史的气象学家来到了安第斯山脉。在安第斯山脉的冰川中，可以找到上万年来的气候记录，这一切都要借助从冰川中提取的冰芯。冰芯由一系列的环组成，每个环都代表一个不同的季节，夏季炎热干燥时，环就很狭窄，沙尘大就呈暗色。冬季寒冷而潮湿，这些环就会变得很宽，颜色也更加纯净明亮。通过这些环的颜色和宽窄，就能推断出每一年的气候状况。

取自安第斯山冰川的冰芯中有着许多连续的、狭窄的暗环，这说明当地出现了一个连续多年的旱季，其他的环都是明亮的宽环，说明这些年份是水分充足的。再深入研究，科学家们又发现山上的天气和海岸的天气也有着重大的联系。在过去的一百年里，山上干旱，那么海岸地区就很湿润，山上湿润，海岸就干旱。这与著名的厄尔尼诺现象一样。根据科学家估算，每隔5年，沙漠区就有一个充沛的雨季，不然整个生态环境将会受到打击。

从公元560年开始，大约有40年的时间，冰芯显示的都是狭窄的暗环，这表明该地突然进入一种极度干旱的气候，并且持续了40年。山区的干旱让海岸地区水分充足，最后甚至发生了超级大洪水。河岸附近的沙漠是相对适宜生存的地方，在洪水爆发的时候所有的房屋都被冲毁，整个莫切城自然也无法幸免。

如果说40年的大洪水还不足以摧毁一个文明，那么接下来50年的恶劣气候莫切人是绝对无法熬过的。在冰芯中，公元600年到650年，安第斯山脉水分充足，暴风雪天气持续了多年。根据海岸气候与山区相反的情况可知，海岸地区在经历了40年大洪水后，又迎来了50年的干旱。至少在连续的30年里，滴雨未下。多年的洪水加上多年的干旱，在当今社会都是难以承受的大灾难，更何况是莫切这种古文明。

关于莫切文明的历史，在这里似乎已经被盖棺定论了。但是到了20世纪90年代，来秘鲁考察的考古学家又有了新的发现。在一个名叫杰奎特比奎的山谷里，考古学家们发现了许多小型的莫切遗迹。考古学家们对这些小型遗迹进行了全面发掘，无论是莫切的城镇、农场甚至墓地，只要是有发现，都让考古学家们非常兴奋。最终，考古学家们找到了大量莫切时期的遗物，并且对这些遗物进行了年代鉴定。

这批遗物的出现推翻了公元650年莫切文明彻底消失的说法，这些遗址和遗物的年代在公元650年到700年之间。这说明直到公元650年莫切人还在建造房屋，公元700年最后的莫切文明才消失。

根据新找到的莫切文明聚居点遗址，科学家们提出了新的设想。这些遗址中，有一个名叫赛罗切潘的城市，城市规模不大，大概有1000多个居民。城周围是高大结实的城墙，这与之前的莫切城完全不同。山谷下方还有一个遗址，在那里有许多大型的石质工具，这些工具可能是用来建造城墙的。城墙顶端的平台上放着许多巨大的石头，成堆地放在墙边，每堆之间的距离差不多有2—3米。这个场景不禁让人联想到战争中的投石设备，人们站在高处，用弹弓或者其他工具将石头发射到下方的山谷里，而这些石头就是攻击用的弹药。

在之前的莫切遗迹里，从没有发现过任何有关真实战斗的痕迹，他们的武器只使用在宗教仪式当中。在新遗迹中发现的证据说明了在公元650年到公元700年，莫切人转移了生活地点后，发生了与其他人的战争。至于与他们发生战争的是什么人，我们就不得而知了。

在秘鲁沿海还发现了很多莫切人的遗迹，时间没有与公元700年出入太多。或许莫切人并没有完全消失，而是融入了其他民族中。对于神秘的莫切文明，我们的探索远远没有终止，无论是"斩首之王"还是墓穴中的尸体，都是需要更多时间才能解开的谜题。

第五章

恐怖猜想：未来地球毁灭的N种方式

人类的灭绝或许来自于地球，或许来自宇宙，或许来自外星生物，或许来自人类自己。地球和人类都面临着许多的危机，如果将来真的发生了这些灾难，人类能够顺利躲过吗？

人造黑洞毁灭地球

　　黑洞是一种极其特殊的天体，人们对于黑洞的认识大多：其有着强大的吸引力，就连光线照射进去都会被吸收掉，是非常可怕的一种天体。但其实黑洞的威力与危险性要远远超过我们的想象。

　　黑洞是宇宙中存在的一种密度极大但体积极小的天体，早在1916年，德国天文学家卡尔·史瓦西就通过计算得出一个结论，那就是将大量的物质集中于一点，那么这一点周围就会发生奇怪的事情。在那个有大量物质的殿周围会形成一个界面，一旦进入这个界面，即便是光也无法逃脱，而黑洞就是卡尔·史瓦西理论的具象化。

　　那么黑洞是如何形成的呢？其实黑洞原本只是普通的恒星，和我们的地球是同类。在恒星质量足够大，并且消耗完自己所有的能量后，恒星本身存在的引力就会坍塌，形成一个具有强大引力场的黑洞。黑洞是非常神秘的，存在但却无法被直接观测，我们只能通过间接方式得知黑洞的存在和它的质量。黑洞也并非是恒星寿命的终点，黑洞也会"死亡"，在黑洞死亡时，很有可能会变成一个"白洞"。关于"白洞"人们还只是在理论上有一些认识，科学家认为当黑洞变成"白洞"时，将不再吞噬周围的物体，而是将之前吞噬的东西喷射出来。

早在2005年，美国布朗大学的一位物理学教授就利用对撞机创造出了类似黑洞的物质，尽管该物质有着不少黑洞的特点，但是过小的体积和质量让它不能吞噬其他物质，显得不那么神奇。不过该实验只是为了证明理论上利用粒子加速器是可以制造"人工黑洞"的。

2009年，中国东南大学以崔铁军教授和程强教授为首的一个研究组创造出了世界上第一个具有吞噬性质的"人工黑洞"。尽管该物质已经可以吞噬电磁波了，但实际上距离真正的黑洞还是相去甚远。东南大学创造的迷你黑洞体积很小，甚至小到可以装进上衣口袋里，主要功能也只有扭曲周围的空间用来吸收电磁波。

"人造黑洞"听起来有些可怕，但实际上如果可以加以控制，那么将有着良好的科学前景。根据黑洞的吞噬能力，一旦可以人为控制，那么吸收太阳能的能力将比任何一种太阳能电池都要来的高效，将来可以应用在通信领域或者能源领域，用来消除辐射或者为航天飞机供电。

除了中国东南大学研究组制造出用以造福人类的非传统意义的"人造黑洞"外，欧洲也在紧锣密鼓地研究真正的人造黑洞。在法国与瑞士的交界处坐落着世界最大的粒子物理研究中心——欧洲核子研究中心。该中心在一个将近17英里长的圆形隧道里建造了世界最大的粒子加速器，而这个加速器的主要用途就是用来制造黑洞的。美国加州大学物理学教授史蒂夫·吉汀斯是研究黑洞的专家，他认为哪怕人类用粒子加速器创造出了真正的黑洞，也不会毁灭地球。

吉汀斯认为利用粒子对撞产生的黑洞会放出宇宙射线，而越小的黑洞释放出的物质越多，甚至会远远超过吸收的物质。而在小黑洞放射完所有的宇宙射线时，早已耗尽了寿命。宇宙就是一个巨大的粒子加速器，在地球的大气层上，不停的有带有高能量的宇宙射线和粒子相碰撞，如果粒子对撞产生的黑洞真的有危害，那么早就被科研人员知晓了。

黑洞其实离我们并不遥远，每时每刻地球的大气层表面都有着大量的宇宙射线和粒子在碰撞，而地球也一直存在。粒子产生的黑洞并不大，想要脱离地球的重力几乎是不可能的，它们小到吞噬一个质子都要花上一个钟头，那么吞噬一毫克地球上的物质花费的时间甚至比宇宙产生的年龄还要长，怎么可能对地球产生危险呢？

也有科学家提出反对意见，有的科学家表示欧洲核子研究中心的所作所为将地球置于被毁灭的境地当中，也许一不小心就可能创造出吞噬地球的黑洞，或者会产生一种名叫"奇异微子"的粒子，在一个瞬间将地球转变为一团收缩起来、没有任何生命的"奇异物质"。也有政治家担心，制造人工黑洞的技术如果被恐怖组织获得，那么将会成为威力超越原子弹和氢弹的终极武器。对此，吉汀斯并不担心，他坚持觉得人类目前不可能在地球上创造出可以毁灭地球的黑洞。

即便如此，人造黑洞的事情还是引起了全世界人民的恐慌，毕竟黑洞的名字在科幻电影中如雷贯耳，现实中的恐怖程度可以和童谣中的大灰狼相媲美。在强子对撞机进行对撞之前，就有不少人向法院提交诉状，要求停止强子对撞机的启动。还有新闻报道了一名印度女孩得知强子对撞机可能会制造吞噬地球的黑洞，迎来世界末日，于是提前自杀了。新闻的真实性尚未可知，但人们对于黑洞的恐慌可见一斑。

目前从理论上来说，地球被黑洞吞噬的可能性几乎不存在，但是谁又知道人类会不会自己创造一个黑洞来毁灭自己呢？这个答案只有未来的某一天我们才有可能知道。

小行星撞击灭绝人类

地球处在小行星的运行轨道上，将要撞击地球，这已经是科幻片和超级英雄片中屡见不鲜的情节。那么小行星真的会毁灭地球吗？事实上这几乎是不可能的，但想要毁灭人类，要求就并不那么高了。据称，6500万年前令恐龙灭绝的小行星的直径只有6公里，按照这个标准来计算，太阳系中可以毁灭人类的小行星数不胜数。

根据科学家的计算，未来的日子里会有数颗小行星与地球擦肩而过。如果计算有偏差，或者有特殊情况改变了小行星的轨道，那么小行星撞击地球也并不是那么遥不可及的事情。距离人类最近的一颗小行星，将会在2029年与地球擦肩而过。

2029年，一颗小行星将靠近地球，科学家们为其取名为"阿波菲斯"，即埃及神话中的"毁灭之神"。其直径有400米，如果撞击到地球上，释放出的能量将比广岛原子弹高出10万倍，这股能量将使人类遭到毁灭性的打击。为了避免人类遭受恐龙一样的命运，全球有多达100余个研究小组，它们的任务就是想办法排除"阿波菲斯"与地球相撞的可能性。

其实地球上经常会有小行星和陨石光顾，但鲜少有能够顺利落在地球上的。不少小行星在大气层中就燃烧殆尽了，但是一颗直径3—4米的小行星就足以释放500吨TNT炸药的能量。而我们与小行星灾难擦肩而过的经历仅仅是在2014年。那颗与地球擦肩而过的小行星被称为2014HQ124，于2014年6月8日安全掠过地球。2014HQ124如果撞击地球，那么产生的威力将是兆吨级氢弹的威力，可以轻松毁灭一座城市，而后续产生的连锁灾难将会让人类处于毁灭的边缘。

如果小行星撞击地球会发生什么呢？首先，巨大的冲击力会摧毁落点方圆数百公里的一切。如果落入海中会引发巨大海啸，摧毁数个沿海城市。随后地壳受到撞击很可能会让地球上的火山相继喷发，岩浆、火山灰和有毒气体将会摧毁地球上大多数的动植物。最后，遮天蔽日的火山灰将会让地球短则数周，多则数十年得不到阳光的照射，人类毁灭只是时间问题。

为了避免恐怖的未来出现，科学家们研究了许多种可以避免小行星撞击地球的方法，虽然大多数都还停留在理论层面上，但还是很有参考价值的。

一是用核弹头去对付小行星。就像电影《天地大冲撞》里美国和俄罗斯所做的那样，视小行星大小而定，发射数颗甚至数十颗核弹头去攻击小行星。当然，最主要的目的并不是将小行星炸碎，如果小行星被炸碎了，那么对地球来说就相当于将一颗炮弹变成了无数的霰弹枪子弹一般，破碎的小行星碎片依旧会沿着原来的轨道将地球打个千疮百孔。

向小行星发射核弹头主要是为了改变其运行轨道，只要小行星远离了地球，哪怕只是擦肩而过，人类也将顺利度过被灭绝的危险。或许事情比想象的更加简单，核弹头爆炸会产生强烈的辐射，那些巨大的辐射能所产生的高温甚至可能将小行星完全气化，彻底解决地球的危险。

二是借力打力。我们可以利用太阳帆。届时将一艘带有巨大太阳帆的飞船发射到小行星的表面，然后展开太阳帆。太阳帆就可以反射太阳辐射，使其远离原本的轨道，远离地球。在理论上，甚至可以通过控制太阳帆的角度改变小行星的旋转角度和方向。但小行星毕竟是不停旋转的，而如今的太空飞行器搭载太阳帆飞船也是个难题。

三是退而结网。用网将宇宙中飞行的小行星套住，听起来是个极其荒谬的主意，但实际上，美国航空航天局已经在着手考虑这个方法是否可行了。美国航空航天局的科学家们此次的假想敌就是前文中提到的"阿波菲斯"，根据科学家们的计算，只要一张重500斤左右的碳纤维网就可以改变"阿波菲斯"的运行轨道，碳纤维的材质可以起到太阳帆的作用，增加小行星反射的太阳辐射量，这个办法与"粉刷"小行星有异曲同工之妙，但更容易实现。

四是利用人造飞行器。相对于上面那些听起来很荒谬的主意，科学家们显然更信任人造飞行器。不少科学家觉得让小飞船在行星表面着陆，然后将重型火箭埋入地下，并发射。数枚火箭产生的推力足以将一颗可摧毁地球的小行星推离地球了。

也有一部分科学家认为，牛顿第一定律是宇宙中无处不在的，如果可以利用的话，改变小行星的轨道不是问题。我们可以利用一个质量巨大的人造飞行器去接近小行星，然后利用万有引力将其引离既有轨道。但这个成本造价极高，制造一个质量足以拉走小行星的飞行器，仅材料就需要大量的资金，更别说将其送上太空所需要的燃料和其他资源了。

在数次物种大灭绝当中，小行星撞击地球的理论始终让人类恐惧，天外飞来的横祸，在人们心中神秘而又强大。科学家们为解决这种可预测的灾难想了许多的办法，相信小行星撞击地球的那一天，除非是恒星级别的星球，否则人类利用科学必定能躲过灭顶之灾。

躲不过的气象灾害

我们的地球经历过数个冰河期，每当冰河期来临，就连海洋都会被冻结，到那时，人类可能将无法继续将文明与种族延续下去了。据美国《发现》杂志撰文，我们人类早已进入了第五个冰河期。在5.7亿年到6.8亿年前的寒武纪中，地球经历了第一个冰河期，而第二次冰河期是在4.1亿年到4.7亿年前，第三次冰河期在2.3亿年到3.2亿年之前，第四次冰河期就是从250万年前至今。也就是说我们至今仍可以算是生活在第四次冰河期的末期。

而根据科学家的研究，冰河期属于周期性现象，或早或晚，它一定会来临。2015年，英国《每日邮报》已经刊登文章，宣称英国皇家天文学会在国家天文会议上宣布了他们的研究成果，表示太阳活动在2030年将会减少60%，地球将陷入极寒状态。

在21世纪30年代，地球会变冷，似乎已经成为了世界各地科学家的共识，只是究竟地球会有多冷还没有得到一个公论。英国诺森布里亚大学数学教授扎尔科瓦指出，21世纪30年代出现的冰河期与17世纪出现的

"蒙德极小期"十分类似，是一次较小的冰河期，受到影响最大的是北美洲和欧洲。

扎尔科瓦说："尽管我们在国家天文会议上没有提到任何关于气候变化的内容，但是不少人得知蒙德极小期的事情后，还是了解到了更多相关信息，并且被大肆散播。"科学家联盟气候和能源计划资深气候学家贾森·分科表示冰河期的假设毫无说服力，因为全球气温正在持续升高。

地球目前的状况可能会令不少人觉得冰河期的到来是无稽之言，现在人们还在谈论温室效应和全球变暖，怎么可能越来越冷。其实问题并不复杂，近年来全球的温度是有在升高，但是这种升高的原因是人为的，并且影响虽然有着持续性，但是相比自然界的冷暖变化来说，是微乎其微的。按照扎尔科瓦的说法，地球上将会有3个太阳周期，大约33年的时间让地球进入比较寒冷的状态。而德国波茨坦气候研究所副主席奥尔格·福伊尔纳研究了太阳活动极小期对于地球气候所能产生的影响，他的研究结果表示与人类活动导致的全球变暖相比，太阳活动减弱造成的降温微乎其微。而美国航天局艾姆斯研究中心的太阳物理学家大卫·哈撒韦在2010年所著的论文中表示，尽管太阳辐射照度改变很小，难以给气候带来显著的影响，但在一定程度上，地球气温还是会随着太阳活动上升和下降。

在第四次冰河期中，大量的生物灭绝，如同现在一样，第四次冰河期之前也存在一个间冰期。在这段时间里，地球上的气候就如我们今天一样，温暖宜人，非常适合生物繁衍发展。处在这种环境下，生物的环境适应性就会开始退化。就如同我们至今只能在电视、书籍或者博物馆中看到的猛犸象一样，在间冰期曾有着非常活跃的表现，但真正的冰河期到来后，逐渐走向了灭绝。

如果第五次冰河期到来，人类也将为生存而奋斗。美国科学家表示，人类的进化几乎已经停止了，这是一个危险的信号。进化也如逆水行舟，不进则退，也就是说人类的退化似乎已经迫在眉睫。人类渐渐失去了自身的抵抗力，更多的是依赖高科技产品，那么一旦环境产生了剧变，科技在严苛的环境下也不再可靠，那么人类难免将迎来全面毁灭。

人类在第四次冰河期中崛起，我们的祖先对于冰河期的到来有着成功的应对方式，考古学家在秘鲁安第斯山脉上进行勘察，发现了地球上最高最古老的冰河时代定居点，这个营地四周散布着各种石器工具，地处海拔高达4480米。

在此营地被发现之前，人类一直认为史前人类不会在如此严酷的地区定居，这一发现对于研究人类如何迅速适应极端环境和高海拔有着重要的启示意义。科学家用DNA信息研究人类迁徙现象时发现，在第四次冰河期中，人类曾从非洲迁徙到欧洲，尽管当时欧洲并不适宜人类生存，但是温度相对较高，人类迅速定居了下来。

令人类处于危险边缘的气象灾害，除了未来必定会到来的冰河期之外，还有人类自己造成的全球变暖。尽管这是个缓慢的过程，但是全球变暖在下一次大冰期到来之前，极有可能将人类毁灭。

全球变暖将导致北极冰川融化，海水的温度和浓度都将受到影响，洋流将被扰乱，全球气温都将上下剧烈波动。冰川融化还将造成海平面上升，陆地面积缩小，耕地被淹没。根据连锁反应，最终的结果很可能是人类遭遇连年饥荒，经济体系崩溃，全世界都陷入混乱当中。

或许听起来有些耸人听闻，但实际上温室效应已经在渐渐地压缩地球上其他动植物的生存空间了，许多动植物因此面临灭绝的边缘。例如地处美国西北和加拿大西部的落基山国家公园，当年有着一眼望不到边的茂密松树林。这些松树之所以生活的高枕无忧，主要是因为寒冷的冬天将它们的天敌甲虫消灭了不少，而如今在温室效应的影响下，冬季的气温相对温和了许多，甲虫们可以过冬，对于松树林造成了毁灭性的影响。澳大利亚的大堡礁是世界上现存生物种类最为丰富的地区之一，面积相当于美国德克萨斯州般大小，也是著名的旅游胜地。在酸性物质被大量排入海洋和全球变暖的影响下，大堡礁地区的海水温度也有着明显的升高，这种升高对于在大堡礁生存着的珊瑚来说是毁灭性的，而珊瑚是海洋生态环境中非常重要的一环，大量的珊瑚死亡将导致其他生物数量的减少，甚至灭绝。

未来我们人类将迎来一个冰河期，但是相对于历史上的大冰期来说，这种冰河期只是让我们的冬天变得寒冷一些而已，真正致命的大冰期可能要等到数万年以后了。真正对我们的生存环境带来毁灭性影响的不是别的，正是我们人类自己。温室效应正在让我们的生存环境变得越来越糟糕，气候正变的越来越无常，越来越多的物种进入濒危的边缘。或许有一天，人类的毁灭将由人类亲自导演。

"核"平世界？

　　1945年7月16日，美联社发布了一则新闻，阿拉莫戈多空军基地司令官发表声明，空军基地发生了一次大爆炸，原因是大型军火仓库爆炸。尽管军火仓库装有大量的炸药和军火，但此次爆炸并没有引起人员伤亡，军队财产也没有受到太大损失。

　　这是一则矛盾、充满欲盖弥彰气息的声明，不过就算没有这则声明，人们也猜不到那场大爆炸究竟是什么。在那一天，美国进行了第一次原子弹试射。比1000个太阳还要亮的光辐射和巨大的蘑菇云，宣告着核时代的来临。

　　从此以后，核武器在世界范围内开始泛滥起来。从美国一家独大到数个大国都拥有，随后又扩展到许多小国家，渐渐的，除了南极洲和北极之外，地球上所有大陆都有核武器。

　　核武器不仅代表着国家的武力，更可以作为部分科技能力的展示。但是当人们回忆起日本广岛和长崎爆发的两颗原子弹时，难免会谈"核"色变。如今不仅是有核武器，核作为一种高效、廉价的能源，更是让核电站遍布全球。但就如同核武器一样，切尔诺贝利和福岛发生的核泄露问题，一再提醒着人们，即便不是核武器，但凡是与核有关的东西，都是危险而致命的。

人们对于核战争的爆发毁灭人类这个假想已经持续了很多年，甚至不少导演将其具象化，搬上了大银幕。但对于真正的现实来说，核爆炸毁灭世界的概率是很低的，即便冷战时期美苏之间的对立令人觉得蘑菇云随时会在头上展开，但最终还是没有任何一次战争再次将核武器投入使用。世界各大国纷纷签订条约，保证核战争远离人类，核大国也开始每年削减核武器的保有数量。

核武器的杀伤力是惊人的，核武器爆炸时，爆炸地区到底发生了什么呢？我们可以从历史上仅有的一次核武器投入实战的经历中进一步了解。

1996年11月7日，日本广岛市市长在国际法庭中的证词为我们诉说了原子弹爆炸后广岛究竟发生了什么："广岛变成一座死亡城市，就连昆虫都不再发出声音。过了一会儿，无数的幸存者开始聚集到河岸边喝水，他们的头发和衣服都是烧焦的，他们的皮肤开始像破布片一样一片片地剥落。他们祈求帮助，但是却一个个地死在河里，或成堆地死在岸上……在原子弹爆炸后的4个月里，7.4万人永远地离开了这个世界，7.5万人将继续在原子弹爆炸带来的伤痛中挣扎，也就是说广岛城市人口的三分之二成为了这次灾难的牺牲品。"

美国不明白这颗炸弹的威力有多么惊人吗？肯定不是。除了美国之前的试射外，美国撒在日本本土的传单也说明了他们对原子弹的威力非常了解，传单中有这样几句话："美国已经掌握人类从未有过的破坏力最大的爆炸物——原子弹。这种新型武器的爆炸力相当于2000架B-29轰炸机所携带的全部炸弹的爆炸力，希望你们能好好考虑一下这个可怕的事实。"

投放在广岛和长崎的原子弹造成了可怕的杀伤，但对于核武器来说，那只是一个刚刚成型的劣质产品而已，如今的核弹头威力将会更加惊人。英国学者保罗·罗杰斯在他的作品中假设了如今核弹头会造成多大的伤害："一颗2500万吨级的核弹头（广岛与长崎爆发的原子弹只有两万吨），在海拔10万英尺的高空爆炸，将会摧毁方圆500平方英里的所有东西，引发的大火可以覆盖2000多平方英里。举个例子，在纽约或者伦敦上空爆炸，那么整个市区都将被摧毁，郊区也几乎不能幸免，死伤人数将会高达数百万。"

对于核武器爆炸所造成的伤害，曾获得诺贝尔和平奖的"国际医生防止核战"组织给出了更加详细的解释，其中对于核武器如何作用于人类造成伤害的描述更加触目惊心：有三种伤害可以造成身处爆炸区的人类当场死亡，首当其冲的就是核武器产生的爆炸本身，其次是爆炸产生的高温以及引发的大火，最后是核爆炸后带来的核辐射。

在爆炸的中心，爆炸会产生300英尺深、直径1200英尺的大洞，在这个区域内，所有一切，包括建筑、动物、植物以及其他的东西，都将化为尘埃。

在1英里范围内，大气将会受到高温的影响变成一颗巨大的火球，这颗火球的直径可能达到惊人的半英里，按照比例计算，火球的外表要比太阳外表温度高上三倍。火球将会升上6英里左右的高空，而下方的所有生命都会在几秒钟内燃烧殆尽。

1—3英里内将会受到爆炸发出的光热波及，哪怕对爆炸已经有所反应也是来不及采取措施的，这种光热散发的速度堪比光速。爆炸产生的冲击波由于传播较慢，会在高温之后传达到3英里的范围内，摧毁大量的工厂和商业建筑，小型民居也无法幸免。冲击波产生的风速将会高达250英里每小时，风中夹杂着放射尘，这种放射尘对于人类来说是致命的，在这个范围内，将会有一多半的人在放射尘达到之前直接死亡。

3—6英里范围内，爆炸带来的热辐射将会使所有生物暴露在外的皮肤造成三级烧伤，并且强大的冲击波将会直接摧毁小型建筑物，所有的汽车油箱都将在高温下被点燃，造成爆炸。热风和高温将形成巨大的火焰风暴，因为火焰风暴的燃烧，大量的氧气将被抽空，地下设施内将会陷入缺氧状态，里面的人将会窒息而死。避难所在高温中会变成一个可怕的、放在火焰上的锅，并且在接下来的几分钟内都会保持高温状态，其中的生命死亡率接近百分之百。

6—12英里内的生命死亡率开始降低，至少在8英里之内人们还是会遭受到冲击波的强力冲击，暴露在辐射下的人会受到二级烧伤，死亡人数在5%—50%之间。

据统计，仅美俄两国持有的核弹头就可以将地球毁灭若干次，而也有人提出质疑，就算进行核战争，核武器在地表爆炸，摧毁地球也是不可能的。就此疑问，保守地说，即便不能摧毁地球，毁灭全部的人类也是可能的。核战争带来的影响绝不仅仅是爆炸，而是幸存的人类要面对更加痛苦的核冬天。

核冬天是指在核武器爆炸时，巨大的火球会将地面上的岩石、沙土气化，它们将随着蘑菇云升上天空。这些物质较大的会慢慢下沉，降落到地面，对人类和其他生物造成放射性伤害，而较小的颗粒将长久地漂浮在空中，将太阳挡住。黑暗将会持续几个星期，由于阳光不能照射到地面，气温将会急剧降低。大陆内部地区温度会下降40℃之多，沿海地区相对较好，会下降15℃左右。内地地区将会在数个星期内变成冰天雪地。

突如其来的寒冷和黑暗，天空漂浮的高剂量辐射尘，会杀死地球上大多数的植物，食物与农作物马上就会开始短缺，人类立刻就会陷入饥荒状态。辐射和疾病将杀死大部分因医疗设施被摧毁而得不到救治的人，饥荒也将杀死一部分的人类。剩下的人类将会遭遇更可怕的紫外线照射，爆炸产生的氮氧化合物会让臭氧层变得千疮百孔，它们让农作物更难生长，还会杀死大量的海洋生物。

核战争的杀伤力可以说是最大的，幸好这一切发生与否的钥匙掌握在我们人类手中。

一次未知的《2012》

　　根据玛雅历法，2012年是第5个太阳纪的开始，而这难免被不少人解读为人类毁灭，地球将进入一个新的轮回。由于末日预言的商业效果，不少人开始打起了玛雅预言的算盘，其中电影《2012》就是成功的代表。

　　电影《2012》是一部非常精彩的灾难片，讲述了世界末日就如同玛雅的末日预言一般到来了，地球的两极发生了偏转，地球上的火山迎来了全面爆发，海啸、地震摧毁了一切，最后地球被淹没在洪水之中，而小部分的人类进入方舟，继续繁衍。这部精彩的电影为我们展示了一次全球性的地质灾难会造成怎样的结果，而其中部分灾难虽然距离我们还非常遥远，但并不是完全不可能发生的。我们可以详细分析一下电影中所发生的灾害，解读这些灾害究竟会不会让人类从地球上彻底消失。

　　一是磁极倒转。众所周知，地球本身是存在磁场的，分为南极和北极。尽管地球存在磁场的原因还没有一个明确的定论，但相对公认的说法是因为地核内部液态铁的流动造成的。物理学家埃尔萨塞根据磁流体发电机的原理，推断当液态的外地核在最初微弱磁场中运动，像磁流体发电机一样产生电流，而电流的磁场不断加强着原本的弱磁场，最终趋于稳定，形成了现在的地磁场。

另一种假说则认为铁磁质在770℃的高温中，磁性会完全消失，而在地层伸出的高温状态下，铁会达到自身的熔点，变成液态铁，这种情况是不会形成地球磁场的。地球磁场的形成是因为在高温、高压中的物质原子的核外电子会向外运动。地核的温度高达6000000℃，气压有360个大气压，在这种环境下，大量的电子都在向外运动，地幔之间逐渐就形成了负电层。根据麦克斯韦电磁理论，电和磁在运动中会相互转化，地球自转会让地幔层中的负电层旋转，这样就形成了南北极的磁场。

不管是什么原因形成了地球磁场，根据科学家的研究，地球磁场的倒转是有着一定规律的，尽管这个过程很长，人类几乎感觉不到。美国普林斯顿大学的地质学家表示，地球平均40万年就会发生一次磁极倒转，而美国佛罗里达国际大学地质学家克莱门特的研究则表示，地球磁场的两极倒转只需要7000年。

根据磁极倒转的周期，地球上已经发生了许多次磁极倒转，但都没有发生大规模的生物灭绝事件。那么如果地球的磁极倒转了，会对人类有什么影响呢？

首先，太阳风会变强。太阳风是太阳以带电荷粒子的形式高度传送的巨大能量，磁极倒转期间，地球将会有一段时间失去磁场。在这段时间里，地球将会受到太阳风的侵袭，低纬度的卫星会被太阳风摧毁，人类的通讯将会面临巨大的挑战。

其次，许多生物是依靠磁场判断方向的，因此它们将会突然变得失去方向，它们需要重新适应这个环境，生物数量将会锐减。

最后，地球失去了磁场，臭氧层就不能附着在地球表面，地球将会直接暴露在紫外线和太阳粒子的照射下，地球的气候将发生巨大的变化，甚至有科学家认为正是紫外线的直接照射摧毁了地球上曾存在的古文明。

二是火山大爆发。如果说电影《2012》中有一种灾难是最具毁灭性的，那么莫过于地球上火山的全面爆发了。2010年4月，冰岛的火山爆发就让现代人尝到了它的厉害，整个欧洲的空中交通为之瘫痪了几天，而这还仅仅是一座规模并不算庞大的火山，跟地球上存在的超级火山相比，简直就是小把戏。

为了验证超级火山爆发会有多么大的影响，加拿大麦吉尔大学和英属哥伦比亚大学的研究人员进行了计算机模拟，模拟的结果非常恐怖，超级火山的爆发将会给全球带来巨大影响，将人类推向毁灭。或许超级火山的爆发距离我们有些遥远，人类历史上获得准确记载的超级火山爆发目前只有1815年的印尼坦博拉火山。坦博拉火山喷发的烟柱高达7万米，整个1816年地球的季节循环都受到了影响，麦吉尔大学地球和行星科学系主任约翰·斯蒂克斯说："大型超级火山的喷发相当于一次全球核冬天，火山喷发点附近数百公里范围内将遭受毁灭性的打击，天空中落下的灰尘将影响整个地球上所有的植物，气温也将飞快下降。"

近年来广受关注的、活动最频繁的超级火山莫过于美国黄石国家公园的黄石火山了，在黄石公园地下储存着大量的岩浆。根据地质学家研究，距今64万年前就曾发生过一次超级火山的喷发。美国地质勘探局的地质学家杰克·温洛斯特恩表示黄石火山如果真正进行大规模喷发，那么喷发将持续一周之久，根据人类的活动，可以将岩浆的波及范围控制在50—65公里之间。约有三分之一的液态熔岩将会回落入火山口，剩下的将落在火山附近或者进入大气层。黄石火山即便喷发，也不会对整个美国乃至对整个人类造成巨大的威胁，火山灰能够造成的影响就是半径800公里的范围都会落上10厘米左右的灰尘。而其他物质进入大气后，会导致持续多年降温，但未必会造成核冬天。

三是大地震与海啸。尽管地震和海啸令人闻之色变，但是相对于磁极倒转和超级火山喷发，并不会对人类造成毁灭性打击。近年来，全世界地震活动频繁，因为地震而造成的海啸也给人类带来不小的损失。在2004年12月26日，印度洋大地震引发的海啸造成了22.6万人的死亡，这是近200年来最为惨重的海啸灾难。尽管有不少宗教和学者宣称人类将毁灭于大地震，但同样有不少科学家坚定地告诉我们，没有任何地震能够毁灭地球。

大地震的主要原因是地壳运动，地壳始终在不停运动，从连成一块的泛古陆到今天我们生活着的大陆，全都是地壳运动的结果。如果地球上发生了一次空前的大地震，那么我们所生活的大陆板块会变成什么样子呢？

或许相对于毁灭地球来说，这才是最为重要的结果。

《2012》这部灾难片可谓是集重大地质灾害于一身，尽管它只是电影，但毕竟在某种程度上为我们展示了这些地质灾害可能造成的后果。相对于那些会毁灭人类的灾难，人类能做的事情并不多。

致命病毒

人类对于病毒的恐慌并不亚于对其他的灾难，在影视作品中更是为我们展示了各种各样的病毒是如何将人类推向危机的。其中有大规模的传染性疾病，有可以令人类变异的丧尸病毒，还有本身具有一定智慧的微生物。尽管历史上有许多病毒给人类带来了巨大危机，但实际上还没有任何一种病毒可以得到灭绝人类的地步。下面就让我们详细解读一下病毒与人类交锋的数次经历吧。

汉坦病毒。汉坦病毒最早发现于1976年，这种可怕的病毒寄生在黑线鼠的肺组织中，得名汉坦是因为它最早引起人类注意是在1950年的朝鲜战场上。当时美军有2000名士兵莫名地感染了一种病毒，尽管美军部队的医疗保障还算不错，但依旧有几百人丢掉了的性命。而汉坦，是朝鲜战场上一条河流的名字。当美国科学家们发现了这种病毒后，马上将从韩国进口的货物视为危险品，对所有进入美国的韩国货物进行了清查，生怕有一只偷渡的黑线鼠将病毒传入美国。果不其然，美国人在货物中发现了老鼠，经过检查，发现这种病毒早就深入了美国。汉坦病毒并不是爆发性病毒，而是一种慢性杀手。汉坦病毒在某些特殊情况下会突然爆发，如1993年美国中西部就迎来了大规模的热性汉坦病毒爆发，它以飞快的速度夺取人的性命，不少人早上还可以与朋友谈笑风生，中午就呼吸困难，到晚上就永远地离开了人世。

尼巴病毒。尼巴病毒首次爆发是在1998年9月的马来西亚，第一批受害者并不是人类，而是猪。患病的猪具有强烈的传染性，短短几个星期就有数万头猪死亡。这种病毒在猪的体内可以飞速繁殖，并且很快就传染给了人类。感染者会剧烈地咳嗽，并且伴随着高烧、出血、肌肉疼痛和急性肺炎。这种病毒会快速地袭击感染者的脑部，而被感染者会快速死亡。这种死亡率高达40%的病毒来自于马来大狐蝠，因为森林面积减少，大狐蝠找不到食物，只好侵入森林附近的果园掠食，而养猪场的猪食用了被大狐蝠污染的果实，一步步将病毒带给了人类。目前，这种可怕的病毒还没有治疗方法，是真正的不治之症。

天花病毒。天花病毒是一种历史悠久的急性传染病，从3000年前就有关于天花的记载。在16世纪初，欧洲殖民者将这种可怕的病毒带到了美洲大陆。17、18世纪，西半球曾大规模地爆发天花病毒，根据一些不是很详细的历史统计，历史上至少有3亿人曾感染天花，其中有1亿人被天花夺走了生命，而幸存下来的两亿人不是失明就是永久留下了疤痕。天花会使人浑身乏力、恶心呕吐，皮肤会生出严重的皮疹。这种致死率极高的疾病无药可医。

天花在历史上造成最大规模的危害还要数阿兹特克帝国的覆灭。西班牙殖民者将天花病毒带到了如今位于墨西哥的阿兹特克帝国，将其传染给了当地居民。这个有着辉煌而悠久文明的帝国就这样被天花病毒摧毁了，在西班牙殖民者的打击和天花病毒的肆虐下，死亡人数高达2500万人。

如此可怕的病毒，最终在1796年遇到了对手。英国乡村医生爱德华·詹纳发现注射牛痘病毒可以免疫天花，天花病毒开始逐步退出历史舞台。到了1980年，世界卫生组织宣布天花被彻底消灭，天花病毒只留有几份样本保存在美国和苏联的实验室中。

到了2014年，世界上仅存的一份天花病毒遭到了审判，作为唯一的一份，是去是留将由人类决定。最终出于研究的考虑，WHO（世界卫生组织）宣布世界上众多国家的共同决定：留下它。或许留下一份病毒会带来隐患，但毕竟它也可能成为治愈其他疾病的重要因素。而世界上也有一些极端组织想要获得这唯一的一份天花病毒，毕竟在天花病毒被人逐渐遗忘的今天，将其当做病毒武器也会在世界范围内造成恐慌。

拉沙病毒。拉沙病毒第一次引起人类的关注是在1969年，一位美国护士在尼日利亚的教会医院感染了拉沙病毒。这种病毒传染性并不强，但人类对它的所知实在太少了。研究人员为了找到拉沙病毒的宿主，在拉沙病毒流行的村庄捕捉了640种动物，对它们的血液和五脏六腑进行了详细的研究。最终的检测结果不出所料，非洲很常见的一种棕鼠就是病毒携带者。检验过程中，一位研究人员的手上不慎沾染了棕鼠的尿液，结果两周后该人员死于拉沙病毒。这种病毒至今仍在西非肆虐。

埃博拉病毒。埃博拉病毒得名于扎伊尔北部一条河流的名字，于1976年被人类发现。当时埃博拉河附近55个村庄的百姓都被这种病毒感染了，数百人死于非命。2000年，埃博拉再次引起人们的关注，在乌干达地区因为埃博拉病毒，尸横遍野。政府无奈之下居然将发病地区完全隔离，由军队看守，禁止任何人离开。

感染埃博拉病毒的人身体从内到外都会大出血，皮肤和肌肉的隔膜开始炸裂，体内器官也会开始分解。体内破碎的组织会被患者大口地吐出体外，最终全身溃烂而死。

2014年3月，埃博拉病毒再次在欧洲爆发，短短7个月内，有7个国家的7399人被感染，其中有4033人死亡。与以往不同，这7个国家不仅是非洲国家，还有西班牙和美国。这说明埃博拉病毒已经传播到了欧美地区，仅仅有数名患者感染，就让整个欧美的医疗机构草木皆兵，可见埃博拉病毒的可怕程度。

除了种种可怕的病毒外，超级病菌的理论也在近年来被媒体大肆渲染。超级病菌，顾名思义就是其能力远超了一般病菌。这个超过指的不是致死率，而是耐药性。超级病菌对于普通抗生素已经有了极强的抵抗力，并且已经在以英国为首的数个国家被发现，目前对人类还造不成什么威胁。

病毒是一种变异能力极强的微生物，就如同感冒病毒一样，每年在自然界中都会有新的流感病毒。如果经过培养，那么能够毁灭人类的可怕病毒并不是不能被制造出来的。

在2012年初，荷兰科学家罗恩·富希耶就研制出了一种致病率极高的禽流感H5N1病毒。日本科学家河冈义裕也在2014年利用H1N1流感病毒制造出了能让人体免疫系统失灵的超级病毒。也就是说，这同样是一种无药可医的可怕病毒。这种行为尽管对人类有所危险，但也有着很大的进步意义。对于病毒的了解越多，我们就越能对病毒疫苗进行改进。距今为止，人类研究出的、可将人类灭绝的病毒已有数种，它们被存放在世界上15个对最危险病原体进行研究的研究室里。如果有一天人类被病毒毁灭了，更大的可能性并不是来自自然界，而是来自这些实验室。

"天网"奏响人类悲歌

电影《终结者》新作在2015年再度上映，电影中人工智能"天网"在未来成功将人类逼入了灭绝的边缘。同年上映的《复仇者联盟2》也为我们讲述了人工智能一旦脱离了人类的掌控将会威胁人类生存。如今，人工智能似乎已经越来越高端了，甚至已经有人工智能突破了图灵测试，非面对面的情况下人们会将其误认为是真正的人类。那么是不是会有一天，像《终结者》中的未来一样，"天网"这种拥有了独立意识的人工智能将会摧毁人类的未来呢？

其实人工智能这个概念早在1956年就被提出了，并且马上成为了一种新兴学科。在随后的几十年里，人工智能并没有出现在我们的生活中，只存在于电影和科学家的实验室中。除了影视作品外，最广为人知的人工智能莫过于美国IBM公司生产的"深蓝"了。深蓝是一部超级国际象棋电脑，重1270公斤，有32个处理器，每秒可计算2亿步。除此之外，它更是熟知一百多年来优秀棋手的200万对局。在1997年，深蓝因击败了世界排名第一的棋手加里·卡斯帕罗夫而名声大噪。尽管加里·卡斯帕罗夫后来又与深蓝进行了比试，并一雪前耻，但一个深深的恐惧也印在了人们的脑海中，那就是人工智能真的已经比人类聪明了吗？

随着科技的进步与发展，人工智能越来越多地进入了我们的生活。各种形态的机器人已经能够胜任许多过去只有人类才能完成的工作，在科技界掀起了一股人工智能的热潮。尽管人工智能表现得十分出色，但是这一切依旧源自于程序员为它们设定好的程序，它们没有跳出思维框架进行自主思考，对于人类来说，人工智能远远算不上是威胁。尽管如此，依旧有人担心。美国科技界巨擘埃隆·马斯克和比尔·盖茨都表示对待人工智能的问题不能一直乐观。埃隆·马斯克在国外社交网站上发表了一条观点："我们对待人工智能必须谨慎，它们的潜力可能比核弹还要危险。"比尔·盖茨也在一次活动上表示，随着人工智能的发展，机器可以取代人类从事各种工作，我们处理的好，就可以发挥积极作用，但如果处理不好，那么几十年后人工智能的发展程度会开始令人担忧。

在科技界之外，也有着不少人不看好人工智能的前景，生命未来研究所一直致力于降低人类面临的现存风险，在2015年2月初，数百名顶尖科学家在一封公开信中签名，呼吁科技界在大肆推动人工智能发展的同时，能够审视人工智能的发展究竟会给人类社会带来怎样的影响。信中指出，人工智能已经在语音识别、图像分类、自动驾驶汽车、机器翻译和回答疑问等工作上取得了成功，并且这些研究对于消灭疾病和贫困十分有效。但是，科学家更加认为人工智能始终要在能够被人类掌控的状态，人类要它做什么就做什么。随着人工智能的发展，在计算机安全、经济、法律、哲学等领域内的工作也可能有人工智能参与，到了那个时候，就会引发社会的危机。例如一个非常现实的问题，如果使用机器工人的成本低于普通工人，那么工人的工资和地位将会受到巨大的冲击。

人工智能最令人担心的是它们应对错误的反应，牛津大学的学者曾撰文："当一台机器发生错误时，表现方式远比人类的失误更有戏剧性，可能造成的结果将是不可知的。"

知名物理学家霍金对于人工智能的未来很不看好，在接受BBC采访时，霍金表示如果人工智能的能力已经与人类近似，那么它将脱离控制，并且采取更快的方式让自己进步。人类的进化是非常缓慢的，根本无法与人工智能比较速度。最终造成的结果就是人类将被取代，甚至终结。

有些人对于人工智能的想法十分悲观，但也有人对人工智能抱有希望。谷歌董事长施密特曾亲自参与许多世界上复杂的人工智能研发，谷歌已经使用了预测性搜索引擎、自动驾驶汽车等人工智能，在2014年更是推出了机器人实验室。施密特大胆地认为，人工智能毁灭人类不过是危言耸听，或许人工智能将成为我们的朋友。任何一项新技术诞生的时候，总会有人心生恐惧。但历史告诉我们，每一项新技术都会让经济更加繁荣，为社会带来进步。

IBM全球副总裁王阳也表示,人工智能是好是坏,完全掌握在人类手中,有些人用新技术做好事,也有人用新技术做坏事。人类需要担心的是那些心怀叵测的非正义者,而非人工智能。新技术的发展难免会有争议,但是科学的进步是人类迈向美好未来的保证。

或许目前来看,人工智能毁灭人类有些危言耸听了。毕竟人工智能还处在十分初级的阶段,我们尚未能让它们做好较为基础的事情,至于独立思考、拥有情感和思维更是遥不可及的。只有一点是可以肯定的,那就是随着科学技术的进步,自动化的人工智能将进入我们的工作和生活,取代部分人类工作的那一天很快就要来临了。

人工智能比人类强在哪里?为什么人工智能可以毁灭人类?其实人工智能与人类相比有着很大的优越性,并且这种优越性一旦得到了施展空间,人工智能的能力将全面超越人类,目前科学家们正在寻找让人工智能真正做到智能的办法,而最可行的方案有以下三种:

一是模仿人脑。这恐怕是让人工智能真正获得"智能"最简单的办法。没有任何电脑比人的大脑更复杂,想要一个复杂的电脑,那就模仿人脑吧。科学界目前做了许多这方面的尝试,将人脑逆向分析,试图找出人类在进化中如何把大脑进化成今天的样子。如果进展顺利的话,这一目标将会在2030年前完成,完成后我们就可以知道人类大脑高速运行的诀窍,并且利用从中获得的灵感创造人工智能。

二是让人工智能自己进化。模仿人类大脑创造一个超级电脑并不是不可能的,但如果难度太高,我们还可以让电脑自己演化。事实上,这种方式得到的结果可能比我们直接创造一个复杂的电脑更好，毕竟人类发明了许多东西都借鉴了大自然的灵感，但最终自主设计的方案要更好一些。

想要用进化的方式来加强人工智能，只要用许多的电脑，为它们各自建立需要执行的任务，并且给与评价，然后将完成任务的电脑程序融合起来，将没有完成任务的程序从中剔除，这样程序就会越来越强大，越来越聪明，产生越来越强的电脑。这个方法存在着一个明显的缺点，那就是演化过程需要几十亿年时间，甚至比人类进化还要慢。

三是用电脑来改进电脑。如果我们能够发明一种可以改进自身代码，并且用于执行人工智能研究的电脑，那么人工智能将会更早的出现。不过这样，人类将会面临非常可怕的后果。越是聪明的电脑就会制造出更加聪明的电脑，在人工智能反复改进后，出现在世界上的人工智能会是什么样的呢？

现在几乎全世界的政府、公司、科学家都在研究人工智能，他们不仅想让人工智能更加聪明，并且试图让人工智能可以自我改进。如此以往，总会有一天，一个超级人工智能出现了。它可以一秒钟内思考人类几十年思考的东西，几分钟以内它就会想出关于世界上众多问题的答案，也会在几个小时内决定人类对它、对地球是否有意义。

天外来客终结人类的明天?

随着人类对宇宙的探索逐渐加深,类地行星的发现,越来越多的谜团被解开,而更多的谜团出现在了人类的眼前。根据火星探测器从火星上发回的照片,火星上极有可能曾经存在着一个文明。如今的火星在改造前并不适宜人类生存,但不能排除曾经有智慧生命存在于火星之上,那么是什么毁灭了火星文明呢?

2015年11月30日,英国《每日邮报》报道,NASA公布的火星照片中发现了一个类似于"人造穹顶"的物体。而在此之前,也曾在火星上发现类似金字塔的建筑。尽管只是从照片得到的推断,但并不妨碍科学家发挥自己的想象力。等离子物理学家约翰·勃兰登堡就提出了大胆假设,他在《宇宙学和天体粒子物理学期刊》上发表了论文,表示火星大气层中含有大量的核同位素,这与地球上氢弹测试的产物十分类似。这说明火星上要么发生了大规模放射性事故,或者曾发生过两次不同寻常的核爆炸。他认为,在火星上层出现过两次文明,其科技水平至少与古埃及相似。联想在火星上发现的遗迹,他大胆推断,火星上曾发生过全球性的核武器大屠杀。

知名物理学家霍金也两度发表外星人会毁灭地球的言论。霍金在一次采访中指出，宇宙中的高级生命体可能与我们不同，它们会到处漂泊，采取一种"游牧"的生活方式。一旦它们到达某个恒星系统，就会开始征服计划。"外星人来拜访我们就像哥伦布抵达美洲一样，印第安人的命运就如人类未来的命运，我们可能将被消灭。"霍金的言论得到了一位俄罗斯大亨的支持，并且俄罗斯大亨将为霍金提供搜索外星生命所用的资金，利用世界上最庞大的射电望远镜寻找外星人。

是我们先发现外星人还是外星人先发现我们？如果宇宙中真的存在恶意的外星人，那么这个问题将变得非常重要。美国宇航局在2011年的一份报告中表示，越来越多的温室气体被排放，这会让外星人更加容易地发现人类，并且外星人会因此将地球人视为威胁，并进行消灭。

外星人会通过大气的变化来观测地球上人类数目的增长，而人类增长速度过快，他们就会将人类视为太空威胁。但这只是美国宇航局科学家们假设的种种人类与外星人接触的情况之一。

美国宇航局行星科学部肖恩·多马加尔·高德曼和同事们推测了几种外星人与人类接触的可能性，进而做好接触外星人的准备。研究划分出了外星人对地球是友好、中立还是敌对的三种可能性。

如果地球人类可以探测到其他智慧文明的存在，并且可以与其进行友好的合作，那么地球人类将会增加大量的知识，很有可能直接解决疾病、饥饿、贫困等问题。

如果是中立性的接触，外星人与地球人差距较大，无法进行有效的沟通，那么外星人更加有可能邀请人类加入星系级别的政治组织，但这或许仅仅是为了实现政治目标。

最糟糕的情况莫过于外星人意图攻击人类，妄图奴役人类。如果人类在战争中失败，那么很有可能会彻底灭绝。如果人类击败外星侵略者，那么也会获得许多好处，不仅会增加地球人类的自信，更有机会获得许多地球以外智慧文明的先进科技。

在种种猜测中，有一种情况是人类极其不愿意见到的，那就是外星人会为了保护地球而消灭人类。

外星人是否存在，我们尚未可知。那么如果外星人真的出现在地球上会发生怎样的情况呢？如果外星人真的侵略地球，人类还可以冷静地面对吗？美国在1938年发生的一件事情可以很好地说明当外星人入侵地球时究竟会发生什么。

1938年的美国，电视机尚未普及，而收音机就成了家家户户娱乐必备品。1938年年初，每个周日的晚8点，大多数美国人都会坐在家中听名为《蔡司和桑伯恩时间》的广播节目。著名新闻主持人奥森·威尔斯开办了一档名为《水星剧场广播》的节目，但始终敌不过《蔡司与桑伯恩时间》。为了扭转这种情况，他将赫伯特·乔治·威尔斯的科幻小说《世界大战》改编成了一出广播剧，在节目中播出。

为了迎合当地观众的喜好，广播剧中外星人的着陆点从维多利亚时代的英格兰变成了美国新泽西州的格洛弗岭。威尔斯还将播音员于1937年播报兴登堡号飞船遇难的消息进行了改编，打算用新闻直播的方式放送广播剧。

1938年10月30日晚八点，解说员通过广播电台发布了即将播出由奥森·威尔斯主持的，改编自赫伯特·乔治·威尔斯科幻小说《世界大战》的消息。随后威尔斯就开始进入新闻直播的状态，说道："我们现在知道，20世纪初，地球被智慧生物密切监视着，他们比人类更加先进……"随后，如同真正的新闻一样，插播了天气预报和音乐。音乐结束后，一则特别公告被宣布了："芝加哥詹宁斯山天文台的教授报告观测到火星上的爆炸"，随后开始播出对新泽西州普林斯顿天文台天文学家理查德·皮尔森的采访。这一系列的举动将广播剧变得非常逼真，就像是真正发生的直播一样。

采访开始的时候，新闻记者卡尔·菲利普斯告诉听众，对教授的采访随时可能终止，因为他正在联系世界各国的天文观测台。随后，提问环节开始了。教授告诉听众，他刚刚向各国天文台提交了一份内容为普林斯顿附近发生可能是由陨石造成的巨大撞击的简要报告。随后插播另一则"新闻"，内容是："一个巨大、炽热的物体，可能是陨石，落在了新泽西州附近的格洛弗岭农场。"接着，记者菲利普斯"来到"格洛弗岭农场进行报道。

这是广播剧的巨大破绽，从采访教授到抵达格洛弗岭几乎就是几分钟的事情，这非常不合理，但是聚精会神又情绪紧张的人们却没有发现这个破绽。菲利普斯成为了事发现场的"目击者"，他报道说："这是我见过的最可怕的事情，有什么东西在移动着，好像是某种生物。它们的样子就像是蛇一样，一个又一个地出现在我的视线里。它们有熊那么大，眼睛如同蟒蛇一般，嘴巴是V字形的，还有口水流下来。"菲利普斯在广播中还提到，不明生物携带着武器，可以发出光束，光束的威力很大，可以瞬间点燃农场。紧接着，菲利普斯语气慌张的说："天哪，它们离我只有不到20米了。"接下来，留给听众的是片刻的寂静。

几分钟后，出现了另一则"新闻"，内容大概是格洛弗岭地区打来电话，几分钟以前，包括州警官在内的40余人死在了格洛弗岭村东部的农场上，他们的尸体被焚烧变形，不少已经无法辨认。随后，广播宣称州国民警卫队派遣了7000名士兵去"进攻火星人"，不料却被火星人全部消灭。广播中开始播放"内政部长"的战前动员演说，而结尾先是有人宣布火星人已经"入侵"纽约，并在纽约部署了大型毒气装置，后来一个绝望的声音出现在广播里，宣布美国已经进入"战备状态"，纽约开始实施"紧急撤离计划"。

从某种意义上来说，奥森·威尔斯的计划取得了空前的成功。大部分听众都不是从头开始听这个广播的，最开始的声明被听众们无视了，"火星人入侵地球"的新闻震惊了所有人，他们坚定地相信火星人已经发动了

"侵略地球"的战争。

不仅是在新泽西州，整个美国都被广播剧《世界大战》震惊了。成千上万的听众给广播站、警察局和报社打去电话咨询。新英格兰地区发生了大规模的迁徙，人们成群地带着家当逃离该地区，因为广播中说火星人的"下一个目标"就是新英格兰地区。美国的不少工厂开始连夜生产防毒面具，各地孕妇开始寻求流产或者分娩，还有不少人因绝望而结束自己的生命。不少冒险家带着枪支前往格洛弗岭村，与当地农民的水塔决一死战。普林斯顿大学甚至派出了几位地质学家去勘探广播剧中说的"陨石"。

电台主持人接到不少市民打来的电话，主持人表示那只是广播剧的剧本。惊慌的人们并不相信，甚至指责该主持人掩盖火星人侵略地球的真相，并打去电话辱骂他。

美国西部KIRO和KVI广播在这种时候还唯恐天下不乱，居然也开始报道"火星人入侵"的事情。他们宣称火星人已经在华盛顿州"着陆"，配备毒气武器的火星侵略者几乎完全"摧毁"了康克里特市。这种行为造成了更大的恐慌，有部分听众当场昏倒，还有部分人带着家人逃亡深山。

据不完全统计，大约有600万美国人收听了哥伦比亚广播公司关于火星人入侵的节目，而其中170万人坚信是真的，而保持镇定的只有50万人，余下的120万人非常恐慌，并且将这份恐慌传递给了没有收听广播的人。纸是包不住火的，当人们冷静下来多方咨询后才发现这是假的。

整个美国社会对威尔斯的行为都非常愤怒，甚至有不少人前往法院起诉他。

这场闹剧的影响力实在太大了，至今仍有不少学者认为威尔斯的动机并不那么单纯：20世纪30年代，美国曾爆出有不明飞行物坠落的消息，"掩盖"这件事情才是广播剧的真实目的。

第六章

应对末日，人类要向它们取经

地球上曾经历过数次物种大灭绝的灾难，但这些灾难却并没有让地球上所有的生命消失殆尽，很多物种在那片广袤而神秘的宇宙里，放眼数不尽的大小星体，是否蕴藏着人类新的希望——下一个地球呢？都历经过这一严酷考验后成为了地球的幸存者。

核爆世界的幸存者

在无数的科幻作品中，我们都可以发现一个奇妙的细节，那就是在大多生物都被灭绝了的地球上，蟑螂却依旧生机勃勃。不少人对此都深表怀疑，难道人类还不如这些可恶的虫子吗？

核武器的威力非常强大，可以瞬间摧毁一个大型城市。爆炸中心将夷为平地，而爆炸区域附近的生物也将被高温、冲击波和核辐射杀死。最为可怕的是，核武器爆炸所留下的核辐射会持续存在很久，让生命的再次繁衍受到了巨大阻碍。尤其是我们人类，对于核辐射的抵抗力非常低。蟑螂是一种害虫，属于"蜚蠊目"，人们家中的蟑螂大约只占"蜚蠊目"昆虫中的几十种，它们中的大部分还是生活在野外。无论是繁殖能力还是环境适应能力，蟑螂都是非常惊人的，在我们探究蟑螂究竟能否在核辐射中生存时，我们就先了解一下这些虫子吧。

蟑螂的起源与其他昆虫一样，早在泥盆纪时期地球上就已经有了它们的身影。它们以腐食为生，昼伏夜出，居住在洞穴里。它们喜爱潮湿的环境，不管是严寒环境还是酷热环境，它们都能很好的适应。不同种类的蟑螂体型也大不相同，最大的蟑螂是澳洲犀牛蟑螂，体重可达30克，相当于3只成年蓝冠山雀的重量。几年前在泰国，不少巨大的蟑螂被作为宠物出售给游客，后来这种行为被严令禁止了。因为蟑螂什么都吃，所以体内携带了大量细菌，无论出于什么目的，饲养蟑螂都是非常不卫生的。

蟑螂的生命力十分顽强，究竟强大到什么地步呢？就算它们没有了头，还可以存活一个星期。相比于人类来说，简单的身体构造成了蟑螂生存能力惊人的重要原因。蟑螂没有人类那样复杂而庞大的血管，小小的身体也不需要太高的血压。它们有着一套自己的循环系统，当它们的头被砍掉时，由于血压很低，所以很快就能够止血。蟑螂没有了头依然可以呼吸，它们身体上的每一段都有一些排气孔，通过这些排气孔可以很好的吸收氧气。蟑螂属于冷血动物，所以它们需要的食物远比人类要少。吃上一餐，就足够活上几个星期。所以，相对于呼吸器官、进食器官都在头上的人类来说，蟑螂就算头被砍了也可以活上一星期。

蟑螂能够在核爆中幸存的理论不是无稽之谈，这源自于广岛和长崎的两次核爆后的报告。报告显示，在核爆过后该地区唯一存在的生命迹象就是两个城市废墟中的蟑螂。毫无疑问，原子弹没有终结蟑螂的性命，它们用自己的行动验证了蟑螂不怕核辐射的假说。但这毕竟是几十年前的事情，对于严谨的科学家们，一份没有摆在面前的报告自然不足以说服他们。于是，一次对于蟑螂辐射的实验开始了。

探索频道有一档科学调查类的电视节目，名叫《流言终结者》，该节目的团队开展了一次有关蟑螂能否在辐射中存活的研究。他们所选取的蟑螂是常见的德国小蠊，将它们放入了可以在10分钟内杀死人类、辐射单位量高达1000个拉德（氦单位）的环境中。一个月后，至少一半的蟑螂依旧存活着，并且活力十足。

1000个拉德的辐射量还远远没有达到原子弹爆炸的辐射量，于是实验将辐射量提高到了10000个拉德，这个辐射量相当于一颗原子弹的爆炸当量了。一个月以后，依旧有10%的蟑螂还活着。当科学家将辐射量提高到100000个拉德的时候，蟑螂们终于全军覆没，而这个辐射量已经相当于10个原子弹爆炸的当量了。蟑螂虽然可以在有大量辐射的环境中生存下来，但并不代表它们完全免疫辐射。

蟑螂抗辐射的能力远超人类，那么蟑螂是否就是这个世界上最抗辐射的生物呢？显然不是的。在其他的实验中，科学家们找到了一些远比蟑螂更加耐辐射的生物。蛀木虫可以存活在68000个拉德的辐射下，另一种叫作小茧蜂的寄生虫可以在180000拉德的辐射下存活，这已经是人类承受能力的200倍。

尽管蟑螂不是地球上最耐辐射的生物，但结合蟑螂可怕的繁殖能力与环境适应能力，相信核爆过后的世界必定有蟑螂存在。蟑螂的进化速度非常快，并且地球上还有着食肉蟑螂的存在，如果大部分人类真的因核战争而消失在地球上，那么下一场战争可能将发生在人类与蟑螂之间。

我们之前介绍过，蟑螂早在泥盆纪就出现了，而活跃在远古历史的蟑螂与我们今天所见的蟑螂非常不同，白垩纪时期，地球上的蟑螂大多是肉食性的，并且它们的个头非常小，体长只有4.5毫米。地球上也曾出现过许多与蟑螂长相类似的巨大昆虫，但是这些昆虫早就消失在了历史的长河中。现代"蜚蠊目"昆虫与远古时期的很不一样，它们在侏罗纪时期正式登场。纵观地球的历史，最大的蟑螂就出现在我们生活的这个时代。或许人类应该庆幸，大部分的蟑螂都已经吃素了，但不乐观地说，人们发现鸟类是恐龙的近亲时，也以为恐龙已经彻底灭绝了。或许有一天，在被核爆摧毁的世界里，食肉蟑螂将再次现身，成为人类幸存者最大的麻烦。

昆虫的防辐射能力给了人类很好的研究方向，如今方格星虫的抗辐射能力已经成为了科学家们主要研究方向之一。通过在小白鼠身上进行的一系列实验，科学家发现方格星虫的提取物确实起到了提高小白鼠抗辐射能力的效果。如果有一天，人类真正拥有与昆虫一般的防辐射能力，那么使用核能将会更加得心应手。

安全的地下王国

在遥远的三叠纪曾发生过一次物种大灭绝事件，巨带齿兽作为最早的哺乳动物，在这次大灭绝中幸存了下来。巨带齿兽并不像早期的恐龙一样可以靠袭击大型爬行动物获得充足的食物而顺利繁衍，那么究竟是什么原因让它们得以幸存呢？这主要得归功于它们掘洞生活的习惯。

地质灾难作为有极大可能性毁灭地球的因素之一，无论是超级火山喷发还是火山喷发后带来的酸雨、强紫外线，都无法对地下生活着的啮齿类生物造成致命的打击，而啮齿类动物中生存能力最强的就要数人人喊打的老鼠了。掘洞这个行为是老鼠的一种基因行为，它们不仅天生就会打洞，而且它们打的洞还会随着遗传基因的不同呈现出不同的样子。

美国哈佛大学霍匹·福斯查实验室的吉士·韦伯曾以"基因与行为"为主题做了一次研究，而研究对象就是在地下打洞的老鼠。他将成吨的泥土装入沙箱，然后将老鼠饲养在里面，观察洞的走向。被扔进沙箱的主要有两种老鼠，一种是拉布拉多白足鼠，另一种是灰背鹿鼠。这两种老鼠长的非常类似，普通人几乎无法用肉眼区分它们。它们可以杂交生下后代，但是它们在行为上却有着天壤之别。例如，拉布拉多白足鼠通常十分"滥情"，一窝小鼠往往是母鼠与数只公鼠交配生下的，灰背鹿鼠就非常专一，如同人类一样实行一夫一妻制。

韦伯的研究项目也是基于这两种老鼠的不同进行的，它们挖洞的方式非常不同。灰背鹿鼠挖的洞富有规律，而且细腻舒适，在打洞界称得上是出色的建筑师。它们的"家"有着很长的走廊，"卧室"被安置在冬雪的最下方，"卧室"的另一端还有用于逃命的紧急通道。拉布拉多白足鼠的"家"就显得非常简陋，"走廊"很短，也没有逃生用的出口。

韦伯让两种老鼠进行了交配，得到了新的后代。这些新的杂交鼠继承了灰背鹿鼠的打洞特点，它们挖出的洞都有长走廊和紧急逃生通道。韦伯又让杂交鼠与拉布拉多白足鼠进行交配，这一次产生的后代打洞的形态又发生了变化，只有小部分执着于建设有长走廊和紧急通道的洞穴了。

这个实验告诉我们基因是可以影响行动的，那么人类能否就老鼠的基因进行改造，进而培育出可以按照我们人类意愿进行打洞的老鼠呢？如果能够培养出这种老鼠，那么人类就可以借助老鼠的力量建造大规模的地下避难所，甚至地下城市。

地下王国的安全性早已得到了肯定，一个完备的地下避难所可以规避数种具有毁灭性的灾难。在美国的堪萨斯州，有一个由核弹发射井改造而成的、结构复杂的15层地堡，被称为"避难公寓计划"。这个避难公寓有各种户型，标准入住人数是70人。公寓内的设备十分完善，即便在无法从外部获得任何补给的情况下，也可以维持多年的正常生活。除了必要的生活设施外，还有许多娱乐设施，包括游泳池、剧院、健身房、教室、图书馆和一个小型手术室。避难所的供电是来自当地电网，紧急时期来临时，避难公寓将会启动备用的柴油发电机和大型风力发电机。

避难公寓每个单元有9英尺高，按照人数配备了5年的冷冻食品和脱水食品，花园里可以种植70多种蔬菜，鱼塘里也可以养鱼。避难公寓还配备了净水系统，可以将人们的生活用水循环利用。这些设备可以良好地解决不能从外界获取补给时的吃喝问题。

如此奢华的避难公寓，如果在末世被人们知道，马上就会成为众矢之的。所以，避难公寓还配备了完善的军事级别安保系统。红外摄像机，动作传感器，被动探测器样样不少。公寓的墙体有9英尺厚，用固化环氧树脂混凝土建成，可以抵挡地核攻击，也可以承受时速500公里的大风。避难所入口处的大门也是使用军事级材料制成，可以承受巨大的爆炸而不变形。

安全性如此之高的豪华公寓要卖多少钱呢？每个单元的售价高达150万到300万美元，并且早已销售一空。公寓负责人表示，自从"9·11"恐怖事件以后，不少美国人都有一种恐慌心理，导致许多富翁、企业家、科学家和医生成为了他的客户。

末日到来的时候，弱地震地区的地下空间将会成为最安全的地方之一。自从2012年以后，越来越多的末日论被抛出，这让人们不得不正视这个问题。许多美国人已经开始在自家的地下室里储存食物和水，以应对末日的到来。如果有一天，末日真的来临了，那么地下空间会成为人类继续繁衍的空间吗？

真空中的舞者

如果有一天，世界爆发了毁灭性的灾难，火山喷发、地震海啸一起来袭，大气中的二氧化碳含量急剧升高，地球之上无论是人类还是其他生物都将遭受灭顶之灾。在这种环境下，会有哪种生物可以存活，继续进化，延续下一个未来呢？

根据《美国科学报》的报道，欧洲的科学家发现了一种动物可以在太空真空的环境中生存，这种动物被称为缓步类动物，也被称为水熊虫。水熊虫这种生物并不罕见，可以说它就生活在我们人类身边。它的种类也非常多，有记录的就多达900余种。人类会忽视它们的存在，完全是因为它们的体型问题。水熊虫体型非常小，需要用显微镜才能看清楚，在淡水的沉渣中，潮湿的土壤里，苔藓植物的水膜中都可以发现它们的身影，还有部分水熊虫生活在海水的潮间带，以动植物细胞中的汁液为食。

最早关于水熊虫的记载可以追溯到1773年，是一位名叫哥策的神父提出的。它们出生的时候就已经成年，最小的有50微米，最大的也只有1.4毫米。水熊虫最大的特点是可以在环境不适宜生存时进入一种类似冬眠的状态，停止几乎所有的新陈代谢。当环境重新适宜生存的时候，它们可以再次复活并可以承受零下272℃的低温，也可以承受181℃的高温，它们抗辐射的能力比人类强500多倍。

研究人员为了测试水熊虫的生存能力，曾将其做冷冻处理，然后又放入煮沸的开水中。捞出后，进行风干，然后再将其放在充满辐射光纤的环境里。经过这一系列残忍的摧残，将处于假死状态的水熊虫再次放回常温、有水分的环境下，水熊虫依然可以苏醒过来。其实这种测试对于水熊虫来说不过是小儿科而已，不少水熊虫因为栖息地缺少水分而进入休眠状态，上百年以后才再次复苏过来。哪怕是一只已经被彻底风干的水熊虫，只要有一滴水，就可以再次复活。

水熊虫在地球的自然环境中几乎是不死的存在，那么在条件更加严苛的太空中又会如何呢？为了测试水熊虫的太空生存能力，瑞典克里斯蒂安斯塔德大学的生态学家们进行了实验。他们将两种不同的苔藓缓步类动物和它们的卵放在欧洲航天局2007年9月发射的无人太空实验舱中。实验舱运行的地点在距离地球表面258千米的高空上，绕地球运动。实验中的缓步生物将会在10天之内完全暴露在太空环境中。实验里，一部分样本并没有受到太阳辐射，另一部分样本将完全暴露在辐射下。

参与本次研究的德国科隆·波尔兹宇宙医学研究中心研究员彼得拉·雷特贝格表示，缓步生物们在太空环境里和在地球上的表现没有什么区别，不过一旦受到太阳辐射后，存活率就开始急剧降低。实验最后将这些缓步类动物放回水中时，受到辐射的存活率只有10%，并且在太空繁殖的幼虫并没有孵化。

研究人员表示，水熊虫的细胞拥有修复辐射伤害的能力，甚至可以直接抵御辐射。遭受辐射的水熊虫，体内并没有发生变化，所以我们甚至不知道，在辐射环境下，它们究竟有没有受到伤害，如果有，伤害有多大。实验表明，缓步类动物并不是唯一能够在太空环境下存活的，轮虫类、线虫类、甲壳类也都具有这样的能力。但相对于能够真正长期生活在太空当中的生物，还是非水熊虫莫属。毕竟水熊虫所依赖的苔藓、地衣类植物也都可以在太空环境下生存。

水熊虫的生存能力如此惊人，究竟是为什么？对于我们人类是否有着某种程度上的指导意义呢？这就要从水熊虫的"隐生"状态说起了。

隐生是指缓步动物在遭遇恶劣环境，生存变得艰难时，就会进入一种运动停止、身体萎缩的状态。当环境好转时，身体将再次复苏。

而隐生现象共分为四种，包括低温隐生、低湿隐生、缺氧隐生和变渗隐生。

低温隐生是指低温环境下引起的隐生，在这种情况下，缓步动物会被冰冻起来，等到温度上升再解冻，整个过程不会对缓步动物的身体造成伤害。1975年科学家克劳将缓步动物活体放入2毫升零下20℃的水中，缓步动物马上就进入了隐生状态，之后再将其放入4℃的水中解冻，一分钟后80%的缓步动物就成功苏醒了。

隐生最常见的形式莫过于低湿隐生了，缓步动物在生活环境中缺水时就会马上开始隐生，等水量充足时，短时间内它们就可以重新活动了。大部分缓步动物只有在水中才能存活，一旦周边液体被稀释至低于体液浓度时，缓步动物的身体就会蜷缩成桶状，后背上的甲片会层叠在一起，弹性的角质层会收缩，这种状态我们称之为小桶状态。进入小桶状态的原因主要是因为缺氧，小桶状态下的缓步动物一旦遇水就会舒展开，因为在水中肌肉收缩不能持久。尽管缓步动物舒展开了，但并不是苏醒的状态，依旧会因为缺氧而陷入窒息。这也说明缓步动物度过缺水期也是有一定条件的，即对空气湿度有一定的要求，如果空气干燥的太快，那么缓步动物将来不及进行收缩。

缺氧隐生一般发生于缓步动物的体液含氧量低于一个阀值，这个时候缓步动物会开始收缩，进入小桶状态。随后会由于窒息，而最大地摊开身体。它们没有能力排出进入体内的水分，有些缓步动物在缺氧状态下只能存活5天。

变渗隐生目前还没有得到一个准确的描述和说明，目前只知道是因为环境的渗透压造成的。有些缓步动物遇到低压会窒息，而有些缓步动物则会在环境压力变高时进入小桶状态，改变环境后还能苏醒过来。

水熊虫作为缓步动物中生存能力方面的佼佼者，作为宇宙旅客再合适不过了。但令人担忧的是，太空飞船会不小心将水熊虫带入宇宙，进而使地球生命污染宇宙。也有人因此假设，如果宇航员们不小心将水熊虫带上了火星，那么水熊虫能否在火星繁衍并且进化呢？如果进化出了文明，它们又是否会回到地球探寻祖先的起源呢？或许几百年后，火星人降临地球时，它们只是为了寻找它们的祖先——水熊虫。

长生不老的传奇生物

从古至今，人类对于长生不老的追求从未终止过。秦始皇派徐福带500名童男女出海，寻求不死药；汉武帝建造30丈高铜人，一丈七的承露盘，想要求取长生；埃及人认为将死去的人制成木乃伊，那么死者最终将重回人间。追求长生不老说明了人类对于死亡深深的恐惧，更说明了人类对于美好生活的不舍。那么世界上真的有长生不老的人吗？中国神话中的彭祖寿长800，最终也难逃一死；《圣经》中的亚当活了900多岁，最终也躲不开死神的脚步。全世界的神话传说中，有着许多长寿的人，但从未有过永远不死的。那么，人类真的不可能长生不老吗？或许灯塔水母这种神奇的生物将为人类开创一个新的纪元。

灯塔水母是一种怎样的生物？这种传奇的动物并不起眼，平均直径只有4—5毫米，属于水螅虫纲，是水中优秀的猎手，它通过自己带有毒液的触手捕捉小型浮游生物。灯塔水母的形状是常见的伞钟型，高和宽基本相等，伞顶有圆形突起。

就是这样普普通通的水母，却天生就有返老还童的本领。普通的水母完成繁殖后就会死亡，而灯塔水母则不同，它们性成熟完成繁衍后，会开始逆生长，回到年轻的阶段，再次重复生命的过程。如此周而复始，灯塔水母只要不是被杀死，不染上生命疾病，那么它的寿命理论上是无限的。

那么灯塔水母是如何做到摆脱生死束缚的呢？原来灯塔水母们有着一种叫作转分化的能力，具体就是指生物体内一种类型的分化细胞转变成为另外一种分化细胞。这种分化并不罕见，其他水母也拥有这种能力。科学家曾在受伤的水母体内观察到，水母横纹肌细胞通过转分化变成了神经细胞、平滑肌细胞、上皮细胞和刺细胞，通过这种转分化，可以迅速修复体内的器官。这说明了普通水母可以做到在身体有限的部位进行转分化，灯塔水母不过是将这种能力扩散到整个身体，生殖过程结束后，整个灯塔水母就如同一个普通的细胞一样开始进行转分化。

为了揭秘灯塔水母的再生过程，科学家饲养了4000只灯塔水母。灯塔水母开始再生的第一次变化就是头顶胶纸伞发生外翻，水母的中胶层和触角会被消化吸收；随后，外翻的水母会将伞递黏在水底，分泌一个围鞘将自己包裹起来。如果水温和营养等客观条件适宜，那么两天以后新生水母就有了肉眼可见的改变。在这个过程中，灯塔水母的全身细胞都会发生转化，肌肉细胞会转化为基础的神经元细胞，或者精子和卵子。这种无性繁殖最终会导致一个灯塔水母会变成几百个和之前的成年灯塔水母DNA一样的水母。也就是说，伴随着灯塔水母的重生，还会出现几百个灯塔水母的复制品。也有人认为，灯塔水母的这个过程不过是生物学定义上的永生，尽管基因排列与原来一样，但本体已经为繁衍后代献出了自己的生命。

宾州大学的研究员玛瑞亚·皮亚·米列塔和他在巴拿马史密森尼研究中心的同事做了一项研究，他们捕获了西班牙、意大利、日本、美国、巴拿马等几乎来自全世界各地海域的灯塔水母，经过DNA对比，发现它们的基因排列几乎完全一样。据推测，这些水母可能是随着远洋货轮的压舱水在全球散播开来的，但它们的基因无疑来自同一只灯塔水母。

灯塔水母如此神奇，但它的长生不老却不是人类所能复制的。毕竟人类与水母不同，灯塔水母的细胞十分简单，相似度也高，想要互相转化并不困难。而一个普通的成年人身体中的细胞多达60万亿个，并且这些细胞各司其职，高度分化，几乎不可能做到水母一样的转分化，所以灯塔水母并不能为人类打开长生不老的大门，目前只有一位日本生物学家新久保田一还在孜孜不倦地做着灯塔水母的研究工作。尽管如此，研究灯塔水母依旧有着积极的意义。意大利萨伦托大学的生物学家斯特凡诺·皮拉伊诺认为，灯塔水母不可能令人类返老还童，但却可以治疗人类生命中的一大敌人——癌症。灯塔水母的细胞与癌细胞一样，是频临死亡的，但是灯塔水母将原本的部分基因换成另一部分基因，令整个基因组织焕然一新，回到了之前的样子，这就像计算机备份存档一样。如果能够破解灯塔水母的细胞如何完成转换过程，那么对付癌细胞和其他病毒将有一条全新的线索。

随着科技的进步，人类终有一天将破解寿命的秘密。英国剑桥大学基因学家奥布里·德格雷曾发表惊人言论："我敢打赌，现在还活着的人里，肯定会有许多可以活到1000岁！"他对外宣称自己已经做到了破解人类老化的公式，并找到了令人类老化的7个因子，只要将这7个罪魁祸首利用生物学、基因学和纳米技术进行改造，那么将大大减慢人类老化的速度，甚至停止人类老化过程，人类的寿命将长的难以想象。他大胆做出预言，2100年后出生的人类有希望活到5000岁。

冰河期也许并不可怕

　　在地球历史的长河中，冰河期总是会规律的出现。尽管有许多科学家已经证明了在上一个冰河期的末期已经有人类存在，人类存在着度过冰河期的可能，但我们怎么知道下一个冰河期是什么样子的呢？或许人类度过的冰河期末期和冰间期相对于冰河期来说并不算可怕呢？种种假设让人类不得不面对冰河期可能远比我们想象的更难度过这个问题。极度的严寒对于自然界中的其他生物同样是可怕的杀手，但是地球上已知的生物中有一种可以在极度的严寒中生活，那就是极地冰虫。

　　极地冰虫属于环节动物，是唯一一种终生都生活在冰川中的动物，生物学家称之为"冰封大地中最活跃的生物"，是极为耐寒的动物之一。极地冰虫主要分布在美国阿拉斯加南部到俄勒冈州北部的沿海区域，而北极圈内的俄罗斯地区和格陵兰岛等地的冰川中也可以找到它们。极地冰虫可以在多种低温环境中生存，并且数量极其巨大。2002年科学家们曾对怀特河冰川进行了一次抽样统计，在平均每平方米的冰川中，有着2600条之多的极地冰虫，一整块冰川的面积大概是2.7平方公里，那么其中可能有着70

亿条极地冰虫，这几乎是全球人类的总数了，而这仅仅只是一块冰川中发现的数量而已。

极地冰虫的样貌几乎就是小型的蚯蚓，体长多种多样，从1厘米到4厘米不等。它们的颜色比蚯蚓更深，大多是黑色的，所以在白茫茫的冰雪中，你一眼就可以发现它们。极地冰虫的生殖器突出，尾部有着稀疏的刚毛，可以帮助它们运动。它们头部的口前叶位置有气孔，这算是它们与众不同的特点。

极地冰虫只能在寒冷的环境生存，它们厌恶阳光，高温对它们来说是致命的。每到夏天，它们就会改变自己的生活习惯，开始昼伏夜出。太阳落山后，它们会从厚实的冰块下钻出来，在太阳升起前，它们又会匆匆地躲入地下深深的冰层之下。它们在冰层中十分活跃，这主要是为了寻找食物。任何冰雪中的有机物都是它们的盘中餐，主要包括海藻、花粉、细菌等。极地冰虫是群居动物，它们甚至经常成百上千条一起抱团出现，这可能与它们的生殖方式有关。因此，研究极地冰虫的学者们晚上走路必须小心翼翼，不然极有可能踩死上万条缠绕在一起的极地冰虫。

极地冰虫在夏天时会昼伏夜出，但在冬天则踪影全无。一到冬天，它们生活的地区将会被大雪覆盖，冰面上的海藻和其他食物也被埋在下面，所以没有任何人观察到极地冰虫在冬季如何过冬。也有科学家怀疑，极地冰虫到了冬天会在冰层里进行冬眠，不过曾有两名美国生物学家多次在冬季挖掘常年积雪的山峰，他们最终找到了极地冰虫，但这些冰虫都藏在3

米以下的地洞里。

关于极地冰虫还有着许多谜团，但最令人匪夷所思的是它们居然可以在坚硬的冰块中自由穿行。它们是如何破冰而出的？有人觉得它们可以寻找到冰块内部狭小的裂缝，也有科学家认为极地冰虫的体内有一种"融冰剂"。它们在冰块中穿行时，体内就会放出这种"融冰剂"，将周围的冰块融化，就像用滚烫的刀子去切黄油一样。

极地冰虫不畏严寒，但它们的生理构造却与其他在极地环境中生活的生物非常不同。一位研究雪地动物的专家说，他认为极地冰虫是众多雪地动物中最为神奇的。北极熊是通过自己厚厚的皮毛隔绝低温来御寒的，南极鳕的血液中含有防冻剂，所以冰天雪地里它们照样可以生活。那么，小小的极地冰虫靠什么御寒呢？它们没有皮毛，体内也没有发现什么神奇的化学物质。生物学家普策尔猜测，只有在温度下降到一个阈值时，极地冰虫体内才会制造能量，这就像给汽车加油一般。

其实，极地冰虫可以在极寒环境里越冬，除了自身的神奇本领外，外界也为它们提供了自保的条件。

极地冰虫体内有一种可以适应冷环境的生物酶，即便周围的环境很冷，它们依然可以保持正常的新陈代谢，同时细胞膜保持着固有的弹性，所以才能够正常生活。别看极地冰虫体型极小，但它们身体中的能量水平却不成比例的高。它们体内的三磷酸腺苷浓度极高，这有效地防止了分子运动的减少和酶动力的降低。我们人类的三磷酸腺苷在0℃以下几乎是没有活性的，温度升高，活性也会随之升高。极地冰虫与我们正相反，温度降到零下，它们体内的三磷酸腺苷反而更加活跃，并且随着温度的降低而变强。

科学家在研究极地冰虫DNA序列时还发现，极地冰虫体内的蛋白质体积小、带电量小，而且不极化。体积小、带电量小这可以减少能量的消耗，不极化就减少了细胞的迁移，减少能量不必要的浪费，这就让极地冰虫更加可以适应寒冷的环境。

极地冰虫的生活环境其实并没有我们想的那么严苛，冰川的底部温度远远比我们想的要高，常年都保持在0℃左右。极地冰虫可以在极地生存，但当温度降低到-7℃的时候，它们的身体开始僵硬，甚至轻轻一碰就会断裂。而5℃以上的温度会让它们产生一种"自溶"状态，细胞膜开始分解，细胞内的酶变成一堆粘稠物。因此，我们可以知道，极地冰虫只能在5℃到-7℃的环境下生存。

尽管极地冰虫并不像谣传的那样"冻不死"，但研究极地冰虫有着非常重大的意义。众所周知，登山运动中最怕的就是在低温环境下丧失行动能力。缺氧又低温的环境里，往上登几步都是非常困难的。而极地冰虫在0℃以下仍然能够保持身体活力，并且在寒冷环境中可以减少能量消耗的特点可以让人类在寒冷的环境中保持精力，这让人类在身处严寒环境时有了更多的资本。

深海，人类最终的归宿？

　　直到19世纪之前，人类都不知道在海洋深处还有生物存在。毕竟那是一个没有阳光，缺少氧气，一年到头温度都在1℃左右的地方。直到1817年，一位名叫约翰·罗斯的英国人采集到了在海洋2000米深处的软体生物。尽管如此，他还是不敢肯定自己的发现。1861年，人类在修理2500米深处的海底电缆时，发现电缆上有许多贝类，以及虾和软体动物的卵。其中一些在此之前只出现在博物馆的化石中。到了1977年，海洋地质学家才发现，位于太平洋东部的加拉帕戈斯群岛附近，深达2000多米的海域，有一座正在喷射岩浆的火山口，而火山口周围还活着一些生物。至此，人类才真正地确信深海之中有生命活动。

　　深海中存在生物的消息在科学界引起了轩然大波，科学家们开始在深海中进行探索，在东太平洋、西太平洋和墨西哥湾的深海中都发现了生物。这些发现带来了许多疑问，深海生物为什么可以在如此恶劣的环境中生活？它们的生理结构又是怎样的？这个发现会给人来带来什么？

深海之中的环境非常恶劣，但最难令生物生存下去的莫过于巨大的压力，而生活在海底的生物们，不仅没有被压成碎片，反而很好的生存下来了。大西洋沟虾是一种生活在欧洲北部沿海浅水海域的一种虾，它们身材纤细，甚至比不上我们的手指头，身上也没有太厚的甲胄，只有近乎透明的一层薄薄的虾壳。英国科学家将它们放入一个容器内，并且在容器中模拟3000米水深的压力环境。如此巨大的压力，对于人类来说连骨头都会被压碎，但是这些只有薄薄甲胄保护的小虾居然安然无恙。这说明不仅是深海动物，一般的海洋生物也可以适应深海的压力。

　　在海洋深处，有着许多珍稀的海洋物种，尤其是无脊椎动物和片脚类动物。而在更深的地方，生物开始明显减少，到了8000米以下，几乎已经看不到鱼类了。科学家指出，海洋表层环境受到人类的影响，正在日益变暖，一些物种将会从海洋表层转移到更深的地方生存，它们将承受更大的压力。那么海洋生物是如何在巨大的海水压力下生存下来的呢？

　　20世纪70年代末期，有科学家将浅水鱼和深水鱼进行了对比，发现深海动物的体内比浅海动物多出一种物质，叫作乳酸脱氢酶（缩写为LDH）。浅水鱼的LDH决定它们只能适应小于500米深度的压力，而深海鱼的LDH则让它们可以适应更深的海底，更大的海水压力。随后，科学家又发现，海洋生物所携带的氧化三甲胺可以让鱼类的蛋白质在承受巨大的水压时表现得更加稳定。不仅是鱼，在螃蟹、虾和其他海洋生物中也发现了这种物质，并且海洋生物的腥味也是源自于此。

随着科学技术的进步，科学家们潜入海洋的深度也随之增加。科学家们搜集海洋生物的设备也从潜水艇变成了机械臂，最终，在实验室中就可以进行海水压力的模仿。但搜集的深海动物越多，科学家们越是发现深海动物很难在实验室中生存下来，尤其是不能适应海水压力的减轻。哪怕是将它们马上带出深海，然后将它们迅速转移到具有深海压力的压力罐中，整个过程还是会对深海生物造成伤害。最终，法国生物物理学家布鲁斯·希力托和工程师热拉尔·哈默携手发明了一种名叫"深海生物捕获室"的设备，使用这种设备就能够让深海生物从捕获到进入实验室，全程都处于原来的压力环境中。2008年，他们成功地捕获了一条位于深海2000米处的鱼，创下了当时已知生活在海洋最深处鱼类的纪录。

技术问题解决了，研究也得到了进展。进化科学家认为，在地球上因气候变化而发生的数次大灭绝中，海洋生物遭到了重创，尤其是深海中的生物。而浅水物种为了生存，开始向更加黑暗的深水地区迁徙，占领了已灭绝深海生物的栖息地，这就是为什么如今深海中的生物有如此多的种类。随着时间的推移，迁徙到深海的动物们适应了海水压力，于是就进化出了新的物种分支。科学家们为了证明这个想法，决定人为将浅水生物放置在它们深海近亲的生活环境里，这次所用的试验品依旧是大西洋沟虾。

因为生活环境的压力和温度都发生了巨大的变化，这些沟虾只能生存几天，最多也只有几个星期。但研究并不是一无所获的，他们发现这些沟虾的存活率与水的温度有着极大的关系，水温在10℃—30℃时，虾对于压力的承受能力将会大幅提高，如果温度降低，虾的活动能力会随着压力的增加而降低，甚至会在几个小时里快速死亡。

　　进化是一个缓慢的过程，如果浅海生物想要适应深海的环境，那么它们体内承受压力的酶必须要在极短的时间里进行突变。尽管听起来有些不可思议，但实际上有许多昆虫的进化都是在一瞬间内完成的。深海生物究竟用了多久才适应深海的压力环境呢？这就要从多方面来考虑了。温度、压力和气候变化等因素影响了海洋生物的进化过程，如果我们能够更多地了解深海动物是如何应付外部环境变化的，那么我们人类也许有一天可以在深海中生存。如果世界末日来临，重建亚特兰蒂斯未必不会是人类的下一个选择。

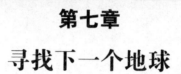

第七章

寻找下一个地球

在那片广袤而神秘的宇宙里，放眼数不尽的大小星体，是否蕴藏着人类新的希望——下一个地球呢？

后地球时代来临

  每一个星球都有自己的生命期限，人类赖以生存的地球也不例外。据科学家研究称，太阳一直在不断膨胀，大约再过20亿年，地球上的海洋将会被越来越灼热的阳光烤干，从此，这个孕育着生命的星球将不再适合任何生物存在。

  20亿年，这听上去似乎十分遥远，但在苍茫的宇宙里，这也不过如同白驹过隙一般。人类想要长远地繁衍下去，就必须和宇宙中的各种危险相抗衡，看似平衡稳定的地球，实际上一直处于危险的漩涡之中，稍有不慎，便可能迎来难以想象的巨大灾难。

  据科学家观测，在宇宙之中，单是直径在1英里以上的小行星就有数以千计的飞行轨道与地球的运动轨道相交，而在这其中，至少有三分之一的小行星存在与地球发生碰撞的风险。可见，危险随处存在，20亿年也不过是人类对这颗星球最宽容的预估罢了。

  很多看似遥远和不可思议的危险，其实并不像我们想象中那般遥远。1989年的时候，曾有一颗小行星险些与地球相撞，事实上它们"擦肩而过"的时间差仅仅只有6个小时。如果当时那颗小行星与地球发生碰撞的话，将会产生相当于1000枚核弹爆炸时的威力，整个地球上的生物也就将荡然无存了。

对于那场险些发生的灾难，一个名为"救生艇基金会"的非政府组织评论道：地球之所以错过这场"致命相遇"，完全是因为运气好，就好像玩俄罗斯轮盘一样，即便命中率只有三十万分之一，但谁也不能确保，下一次我们依旧可以安然度过。

除了无法避免的"天灾"之外，"人祸"也为地球埋下了危险的种子，人类正一点点蚕食着养育我们的地球。随着地球上人口的增长和科学技术的发展，人类每年消耗掉的自然资源已经远远超出了地球能够承受的范围。世界野生动物基金会曾预测称，等到2030年的时候，人类每年所需要消耗的自然资源，将需要由两个地球才能承担。此外，国际人道主义组织"灾难流行病学研究中心"也曾在一份报告中写道："过去10年中，地球上所发生的自然灾害，包括洪水、地震、干旱以及风暴等，其数量超过了上世纪3倍之多。"

除此之外，可能导致地球走向毁灭的危险因素还有很多，比如核战争、过度发展科技、大规模的致命细菌等等。可见，地球——这个我们人类赖以生存的家园，实际上并不像我们想象中的那般"强悍"。

在地球的发展历史上，物种大灭绝并非没有先例，曾经称霸地球的恐龙时代便是在大灾难的爆发中走向终结的。人类比恐龙要聪明得多，如今，人类的科技已经成功突破地球的限制，进入了拥有更多可能性的太空，比起倒霉的恐龙来说，人类至少拥有了未雨绸缪的实力。

美国纽约大学著名的化学家夏皮罗曾提出过一个名为"联合拯救文明"的计划，提议对人类文明进行复制，并将其投入太空保存起来。看来，已经有一部分科学家认为，随着人类科技的发展，宇宙终将会成为人类的"后花园"。

在2005年的时候，当时担任美国宇航局局长的迈克尔·格里芬曾说过这样一句话："如果人类想要长久地存活下去，几百年、几千年甚至几百万年，尽管现在我不知道会是什么时候，但总有一天，在地球以外居住的人将远远多过在地球上居住的人。"这或许是科学家们共同的雄心壮志，也或许正是对未来的一个预言。不可否认的是，随着对太空的开拓与研究，后地球时代即将来临，人类的发展眼光也将飞跃过地球引力的限制，冲向更遥远、更广阔的空间。而要在宇宙中寻得生存，人类就必须寻找到一个新的，和地球一样能够支持生命生存的星球。

2000年，月球闯入了人们的视线，美国宇航局完成一项耗资高达两亿美元的研究项目，其项目内容是：通过在月球表面掘出一块数英尺的"殖民地"，或利用月球环形山地形的覆盖，来遮挡宇宙射线。众所周知，宇宙射线会损害人的DNA，拥有高致癌风险。而到2008年的时候，美国国家太空协会所提交的一篇报告中也提出，"月球是最适合的，人类在太空的最初定居点"。

之所以会选择月球，一方面是因为它是离地球最近并且也是我们最为熟悉的星体，尤其是人类已经抵达过那里。当然，除了月球之外，科学家们也大胆设想过，去更遥远地方的星球上居住。与月球相比，木星、土星、天王星以及海王星等的卫星上或许存在着条件更为丰富的水、碳以及氮储量。而在这些星球之中，科学家一度认为，最适合人类居住的星球是火星。火星与地球有很多相类似的条件，比如它的地心引力大约是地球的40%，并且同样拥有大气层。此外，火星上还有冰，土壤里含有足够的碳，白天时候的温度能够达到20度左右。在科学家们看来，在人类辛勤的"开垦"之下，或许这里将会成为下一个新家园。

除了寻找合适的居住星球之外，也曾有科学家提出过设想——自己建立一个居住地。1974年，美国普林斯顿大学的物理学家奥尼尔就提出相关的设计方案，在太空建立一个独立的轨道居住地，在奥尼尔的方案中，这个居住地能够通过定时旋转来产生自重力，其总面积大约能够达到500平方英里，大概相当于1294平方公里。但即便这个方案能够实现，也只能作为权宜之计，毕竟从地面运送材料进入太空是一个巨大且复杂的工程，而且，这里也不存在能够长久供给人类生存需要的资源，一旦资源耗尽，这个耗资巨大的工程也只能被人们所遗弃了。

除了寻找适合人类居住的新星球之外，还有一个难题一直困扰着科学家，那就是：在找到新的居住地之后，人类如何进行迁徙。

美国现代科幻小说之父罗伯特·海因莱因说过这样一句话："当你能够脱离地球进入轨道时，你的太空旅途就成功一半了。"可见，要完成人类在太空中的大迁徙，首要问题是必须克服地球引力。虽然现在的科学技术已经能够通过航天飞机让人类脱离地球引力了，但所耗费的代价太高，根本无法用来支持大规模的迁徙，每使用一次航天飞机大约就要耗费4.5亿美元。如果用来运送物资，则每次大约需花费1.2万美元，能够运送的物资却只有大约0.45公斤。可见，现有技术基础上的航天飞机是不适合用来做人类的"搬家工具"的。

有科学家提出一个新的设想：利用巨大的离心分离机来让物体做高速旋转，以摆脱地球引力的束缚。美国前宇航员迪亚兹就曾对此进行过研究，根据他的估算，将离子发动机运用在火箭上，该火箭从地球抵达火星的时间大约能够缩短5个月（地球抵达火星大约需要6个月）。此外，也有科学家提出，为了让人类能够进入太空，可以建立一个"太空梯"。根据初步设想，这个"太空梯"大约长9.9万公里。

实际上，航天飞机的巨额耗资主要集中在燃料上，因此，解决燃料问题，就能节约很大一部分成本。日本于2010年12月发射的一个探测器，就是利用一个大约14米宽的太阳反射器进行推动的，这个探测器曾成功飞过金星附近，并绕太阳飞行，根据既定路线，5年后又将回归金星轨道。此外，还有许多科学家认为，可以考虑从其他天体上提取氦-3来作为燃料。美国宇航局下属的先进概念研究所则提出了一个非常有趣的设想：让太空船搭乘40多颗周期性围绕地球和火星飞行的小行星，而这种靠借力完成的旅行大约需要耗费6—10个月能够从地球抵达火星。

除了以上这些常规方法之外，美国国家太空协会的一名科学家马克·霍普金斯还提出了一个相当具有科幻色彩的想法：将能够进行自身繁殖的机器人送到遥远的星球，让其"开垦"出一片完整而成熟的工业文明，如此一来，人类就能坐享其成了。关于这个设想，霍普金斯还建议，可以考虑让机器人携带人类的DNA，在星球上进行"量产"人类。不得不说，这个想法令人感到有些毛骨悚然。

　　在这个后地球时代，太空定居问题已经逐渐成为科学家们日益关注的重点问题之一，不仅是私营部门对此很有兴趣，政府的一些研究部门也设立了相关的研究项目。2010年春季时，美国总统奥巴马就曾宣布，美国将在2025年实现对近地行星的有人探索，而到21世纪30年代中期则要实现对火星的有人探索。10月，美国国防部的国防先期研究计划局宣布，将与美国宇航局合作，研制"百年恒星飞船"，为人类的星际旅行做准备。对此，美国宇航局方面则一再强调，目前为止，我们对人类进入太空之后所将遭受到的影响或伤害依旧知之甚少，这是一场危机四伏的冒险。

　　确实如此，在广袤而神秘的宇宙面前，人类实在太渺小，但如果人类想要长远地延续下去，最终必然还是会向宇宙发展，这是未来人类进化的一种必然。相信终有一天，随着科学技术的发展，这些困扰人类、束缚人类的问题将不再成为问题。"移民太空不仅仅是为了生存，更是为了繁荣。"这是美国宇航局突破性推进物理学计划前负责人麦克·米里斯说过的一句话，相信人类也终将在未来的某一天，实现这一繁荣成果。

寻找太阳系外的类地行星

　　地球是太阳系的行星之一，在近半个世纪的研究和探索中，科学家们一直试图在太阳系中找到另外的智慧生命，也就是俗称的"外星人"，但很可惜，我们始终没有探测到太阳系内其他文明的存在。即便如此，人类也依然没有放弃对太空的探索，对于广阔的宇宙空间来说，太阳系不过只是小小的，甚至微不足道的一片区域罢了，在太阳系之外，还有更加广阔的空间，更加多的可能性待我们前去探索。

　　相比遥远的外太阳系，人类显然对太阳系内的行星要更熟悉得多，而这些对太阳系内行星的研究经验，对于探索太阳系外的行星也是大有帮助的，我们不妨来回顾一下。

　　太阳是太阳系天体系统的中心天体，其质量大约为1.989×1030公斤，占了整个太阳系总质量的99%以上。太阳系的天体系统主要是依赖于太阳本身的引力作用的，主要包括含地球在内的8颗行星以及3颗矮行星和一系列的卫星、小行星以及彗星等天体。

　　太阳系内的行星大概可以分为两类：一是类地行星，包括地球、火星、水星以及金星等。这类行星的特点是，质量和体积较小，平均密度较大，主要是由硅、铁、镍、镁及其氧化物所组成的岩石天体；二是类木行星也称为巨行星，包括土星、木星、海王星以及天王星等，这些行星的特点是体积大，平均密度较小，主要是由氢和氮等"气物质"所组成的没有固态外壳的天体。比如海王星和天王星就含有较多的"冰物质"。

科学家们曾通过放射性同位素年代测定过地球、月球等行星的年龄，大约为46亿年。在近几十年的观测研究中，人们发现，太阳系的恒星在年龄、大小和辐射等性质上都存在着较大差别。这其中既有早已形成的老年行星，也有正如日中天的中年行星，和较为年轻的青年行星，以及正在形成的行星。在现有资料中，科学家有理由相信，行星很可能是某些恒星在形成过程中所产生的"副产品"。

在宇宙中，像太阳系这样的天体系统多如牛毛，此外自然也存在着许多与太阳系不同的行星系。在这些遥远的天体上，或许存在着与地球上类似或者完全不同的生命。在现有的科技条件下，我们也只能先采取保守策略，根据地球上的生命存在条件去寻找相类似的生命体。

根据地球上生命体所存在的必要条件，可以总结出几个特点：必须存在液态水、生命新陈代谢或者复制所需要的一些元素，以及可用的能源和支持生物进行繁衍的足够稳定的环境。

由于技术的局限，在很长一段时间内，行星的探测是比较困难的。行星与恒星从性质上来说截然不同，恒星不但从质量上比行星要大得多，通常大约有太阳质量的百分之四到一百多倍之间，而且恒星的温度和密度都非常高，持续不变地通过热核反应等方式产生出巨大的能量，并伴随极强的辐射。行星的质量比起恒星来说要小得多，以太阳系为例，木星是太阳系中最大的行星，但它的质量甚至还不足太阳质量的千分之一。行星内部的温度也远不及恒星，虽然能产生一定的红外热辐射，但总体来说还是微弱得多。因此，要观测环绕恒星的行星是相当困难的，这就如同要在原子弹爆炸所产生的强烈炫光中分辨出萤火虫微弱的光亮一般。所以，在很长一段时间里，科学家们对行星的探索和观测主要有以下几种方法：

（1）天体测量法

恒星实际上也是在运动的，通常来说，单颗恒星的运动轨迹是直线或者接近于直线的曲线。原则上我们可以通过观测某天体系统中各个恒星的摆动轨迹来推算出它的轨道以及质量，根据这一推算结果，基本上就能确定该天体系统中，哪些是恒星，哪些是行星。

这一方法的原理非常简单，但实际操作却并不容易，因为恒星的运动微乎其微，观测起来相当困难。但早在100多年以前，实际上就已经有天文学家用这一方法来寻找环绕恒星的行星了。

近年来，随着科学技术的发展，自适应光学已经可以将对恒星位置的测量精确到大约1豪角秒，而光学干涉仪则能够将观测的精确度提升10—100倍，对行星的探测已经越来越精准了。比如，哈勃空间望远镜就在观测大约距离地球15光年的Gliese876恒星时，第一次得到了其行星Gliese876b

的质量，大约是1.89—2.4MJ，MJ表示木星的质量。

（2）视向速度法

在双星系统中，如果双星轨道面与我们的视线不成垂直面的话，那么在双星的运行过程中，它们将会呈周期性地向我们靠近或者远离。由于多普勒效应，当恒星靠近的时候，光谱线紫移，而当其远离时，光谱线则红移，因此根据光谱线的位移，我们可以推算出恒星的视向速度，以及双星各自的运行轨道以及质量等。

近十余年以来，在一些研究小组的努力下，发展了多普勒光谱的新技术方法，将测量恒星光谱视向速度的精确度提高到了3m/s，甚至比一度更小。这种方法更适合用来探测离地球比较近的恒星的小轨道巨行星。

（3）恒星测光法

如果我们要观测的行星和恒星运行轨道面正好在观测点上，那么就能看到行星周期性地从恒星面前经过，科学家将这种情况称为"行星凌恒星"。在凌期间，由于行星本身不发光，因此当它经过恒星时，将会遮挡住部分恒星的光亮。由此，利用对恒星两度变化的"测光法"，我们便能发现绕行它的行星。

（4）脉冲星计时法

脉冲星指的是在恒星演化晚期抛弃外部而留下的致密星核，也就是中子星。它的行星一般来说是遗存的，或者由抛出物聚集而形成的。早在1992年的时候，科学家就通过观测到室女座脉冲星的脉冲信号存在周期性的延迟或者提前，从而推测出它至少有三颗环绕行星，此后又根据更加精确的数据推断出它应该还有第4颗相对较小的行星，质量大约与地球差不多。

（5）微引力透镜法

按照广义的相对论，在引力场中，光线会发生弯曲。也就是说，假如地球与某一遥远天体之间存在另一天体，那么引力场将会使来自遥远天体的光线发生弯曲，从而改变遥远天体的影像，这被称为"引力透镜效应"。如果相隔在中间的天体是一个恒星—行星系统，那么随着其周期性的运行，引力场也会相应改变，遥远天体所呈的像自然也会有所变化。因此，通过观测像的变化，我们就能倒推出中间天体的情况，这就是微引力透镜法。

（6）直接成像法

此前说过，行星之所以难以观测，是因为行星比它所环绕的恒星要暗淡得多，故而难以被捕捉。但对于一些距离地球近，并且视角距较大的行星，则可以考虑用"人造日食"的方式来进行拍摄。

行星的探测虽然不易，但聪明的科学家们想到了各种各样的方法来克服困难，除了以上所说到的这些观测方法之外，还有例如通过计算机分析技术进行信号过滤的"多普勒隔离法"，利用多个望远镜组合成"干涉仪"，依靠波峰与波谷相叠加的方式去掉恒星光亮的"消干涉测量法"等等。人类的智慧是无穷无尽的。

一个探测器引发的外星梦

据科学家估算，在茫茫的宇宙中，至少存在1000亿个银河系，而单单一个银河系就拥有差不多1000亿颗类地行星，也就是说，在整个宇宙中，至少存在100万亿个类地行星。这个数目庞大得令人心惊，但这是否表示我们要寻找"另一个地球"并不困难呢？

答案当然是否定的。假如这些行星如同我们手中的玻璃球一般任我们随意翻找，那么要寻找出这些类地行星自然不是什么困难事，但我们所要探寻的对象并不是我们的手掌，不是我们面前的某片区域，而是苍茫无边的宇宙。要知道，目前人类所发现的类地行星中，距离地球最近的也有20.5光年，而就目前的科技发展水平来说，在这样广大的空间里探寻类地行星，无异于大海捞针。

在这样的背景之下，开普勒探测器诞生了，这是人类首个用于探测太阳系外类地行星的飞行器，它的发射升空带给了人类新的期待，在茫茫的宇宙之中，它是否能够担起众人的期望，捞到那藏在苍茫"海洋"中的"针"——类地行星呢？

2009年3月6日，在万众瞩目之下，开普勒探测器于美国佛罗里达州卡纳维拉尔角空军基地17-B发射台顺利升空，在至少3年半的时间里，它将对位于天鹅座和天琴座中大约10万个的恒星系统进行观测，寻找类地行星和生命迹象。

　　开普勒探测器投资6亿美元，以17世纪德国科学家约翰尼斯·开普勒而命名，开普勒堪称是行星研究领域的先驱者之一。很多人不明白，为什么科学家们要兴师动众地在宇宙中寻找类地行星，对此，美国宇航局天体物理部主管乔恩·摩尔斯说过这样一句话："开普勒探测器将让我们对银河系产生全新的认识。它的发现将会彻底改变人类对银河系的观点。"不断探索，不断求知，这或许正是人类能够走到食物链顶端，在各种困难与挑战中不断进化、繁衍下去的缘由吧。

　　对于人类而言，有着无数奥秘和未知的宇宙空间无疑是危险的，那么，这个人类为实现外星梦而寄予了无限希望的开普勒探测器究竟有什么特别之处呢？

　　对行星的观测，最大的难点就在于其光线的微弱，而开普勒探测器拥有前所未有的世界上最大的太空照相机，这个照相机由42个电子耦合器所组成，能够达到95兆像素。在地球上，最高端的数字摄像仪也仅仅只能达到10兆像素。因此，哪怕是极其微弱的光度变化，也逃不过开普勒探测器的"眼睛"。举个例子，假如我们从外太空通过开普勒探测器观测地球，那么，即便是某个小镇上的住户门廊上装的灯，我们都能看得一清二楚。

在工作期间，开普勒探测器将通过直径0.95米的望远镜和42个电子耦合器组成的镜片分光计，对预定的目标银河系内的10万余颗行星进行搜索。通过观测每颗行星凌日现象光线的波动起伏，科学家便能够分析出目标行星的体积以及运行轨道和与主恒星之间的距离等数据。威廉·博勒斯基是美国宇航局的开普勒科学首席调查员，他说："当一颗行星途经主恒星的时候，将会阻挡一部分由恒星所释放出来的光线，该行星的体积越大，开普勒探测器观测到的光线波动起伏就越大。从行星凌日时的亮度变化，我们便能推断出目标行星的体积大小。"

而在多次观察行星凌日现象之后，研究小组则能够最终确定该行星的轨道周期，并且能够预测出该行星环绕恒星运行一周的周期长度，要确定这些，至少要经过三次行星凌日的观测。

2010年，开普勒探测器有了一个非常重大的发现：在距离地球大约127光年的地方，有一个与太阳系非常类似的行星系统存在，在该行星系统中，环绕恒星运行的行星至少有5颗，其排列方式也与太阳系非常相近。此外，除了这5颗行星之外，还有可能存在另外两颗没有被探测到的行星。据天文学家推测，这两颗未被检测到的行星里，其中一颗与土星非常相像，质量大约是地球的65倍，环绕恒星的运行周期大概是2200天；而另一颗行星的质量很小，大概只是地球的1.4倍，如果能够确定这颗行星的存在，那么它将成为迄今太阳系外所发现的质量最小的行星，这让科学家们非常兴奋。据推测，这颗行星距离其主恒星的距离非常近，大约只有300万千米，相当于地球与太阳之间距离的2%。因此，这颗行星的表面温度非常高，预测大概有2200℃，而夜间的温度则很可能下降到零下210℃。

随后，2011年2月2日，开普勒探测器又一次给我们带来了惊喜，又一个奇特的行星系统被发现了，这是一个由被科学家称为"Kepler-11"的类太阳恒星和6颗岩石及气体混合的行星所组成的系统，距离地球大约有2000光年。

"Kepler-11行星系统是一项令人震惊的天文发现，它十分紧密，足足有6颗较大的行星环绕主恒星运行。在这之前，我们从来不知道宇宙中有这样类型的行星系统。"这是美国宇航局艾姆斯研究中心开普勒科学研究小组成员、行星科学家杰克·利萨勒对该行星系统的评价。利萨勒还解释，通常来说，恒星存在1颗凌日行星已经非常少见，但Kepler-11却拥有3颗以上的凌日行星，这种系统非常罕见，放眼整个宇宙，甚至都是非常稀少的。

Kepler-11恒星和太阳一样，是一颗黄矮星，环绕它的6颗行星体积都比地球要大，最大的大约和天王星和海王星差不多。距离Kepler-11最近的行星被科学家们称为"Kepler-11b"，其距离大约相当于地球和太阳距离的十分之一。另外5颗行星，根据与恒星之间距离依次向外，被科学家们分别称为：Kepler-11c、Kepler-11d、Kepler-11e、Kepler-11f以及Kepler-11g，其中，最远的Kepler-11g与主恒星之间的距离大约相当于地球距离太阳的二分之一。

开普勒探测器所带来的惊喜再一次引发了人们的外星梦，或许在未来的某一天，它能够帮助人们一步步走向浩瀚的宇宙，发现神秘的外星生命。或许到了那个时候，搭乘星际飞船就好像坐飞机旅行一样平常，而人们也能时不时地飞到其他类地行星上，走走亲戚，看看朋友。

火星的千年改造计划

随着科技的发展，人类的视野已经逐渐从地球转移到了外太空，在将来的某一天，或许人类将会迎来一场大迁徙，从地球搬迁到另一个全新的星球上继续繁衍。迄今为止，距离这个伟大梦想最接近的星球正是我们的"老邻居"火星。尤其是自从美国宇航局宣称，在火星上发现了液态水存在的"有力证据"之后，更是让人们对移居外太空多了几分期待与遐想。

事实上，一直以来，科学家们都没有放弃过对火星的研究与探索，一个"火星环境地球化"的伟大火星改造计划早已跃然于科学家们心头，在未来的某个时刻，这个伟大的改造计划必然会投入实施。当然，想要真正完成这一想法，或许还将需要花费几千年的时间。

可以想象，火星改造必然将会成为一项空前的世纪大工程，它所需要投入的人力、物力以及财力都是难以估量的，甚至来说，这项大工程即便到了切实投入实施的那一天，也将会花费几十年、几百年甚至上千年的时间来完成，人类以如此高昂的代价来实施这项工程究竟值不值得呢？

答案当然是肯定的，火星改造工程对人类未来的长远发展与繁衍有着重大意义。众所周知，在人类社会繁荣发展的过程中，地球上的人口越来越多，而资源却越来越少，环境也在人类发展文明的过程中被破坏得越来越严重。地球已经呈现出了疲劳状态，而减轻地球负担的唯一方法，就是为人类找到能够生存的"第二家园"，将一部分人类输出，而在太阳系中，最有希望成为人类"第二家园"的星球就是火星。

据科学家研究称，在几十亿年之前，火星的环境或许与地球相差无几，四处都布满液态水，非常适合生命繁衍。科学家们试图将火星进行改造与"修复"，让其恢复原本的"面目"，成为另一个适合人类生存的"地球"。

对于火星改造计划，大多数的科学家都认为，这个计划要成功，至少需要2万年到10万年左右的时间，但一个名为"火星协会"的美国非盈利性科研组织的创始人、美国工程师罗伯特·祖柏林却认为，这个改造计划并不需要花费这么长的时间，大约只需要1000年左右便能完成。对于这一论断，美国NASA行星科学家克里斯·麦凯也表示赞同。

为了进一步证实自己的论断，"火星协会"甚至制订出了一套十分详尽的"千年改造火星"计划，并得到了许多科学家们的认同。

这个"千年改造火星"计划主要分为6个步骤：

第一步，登陆火星。既然要对火星进行改造，那么人类宇航员自然必须先成功登陆火星，并对火星进行一系列的勘测探索。在计划中，每一次载人火星登陆的任务中，宇航员都将在火星上建立起一个小型的生活基地。

第二步，让火星实现"全球变暖"。科学家认为，大约在20亿年之前，火星上也曾有过温暖的气候，表面包裹着厚厚的二氧化碳大气层。后来随着火星气候变冷，大部分的二氧化碳气体都被火星上的土壤吸收并冻结了起来。如今，这些让火星能够"保温"的二氧化碳气体非常可能依然残留在火星土壤和极地冰帽里。因此，科学家计划将会在100年左右的时间里，设法释放出被冻结的二氧化碳，这些二氧化碳将会逐渐形成大气层，并再一次帮助火星回暖。

至于如何释放这些被冻结起来的二氧化碳气体，科学家提出了三种建议：第一种建议是制造一面太空镜，通过反射太阳光来给火星加热，让火星地表融化，从而释放二氧化碳和水。据计算，要实现这个计划，这面太空镜的直径至少要达到120公里，并需要在距离火星大概21公里的轨道上运行。第二种建议是，通过外力更改小行星的轨道，使其与火星相撞，撞击所产生的能量大约能融化近1万亿吨的冰川。此外，小行星通常是由冷冻的氨气所构成的，在撞击过后，这些氨气将会被释放，对提升火星表面气温也有一定帮助。第三种建议是在火星上制造温室气体，祖柏林认为，最有效的温室气体正是碳氟化合物，因此在火星上建几处化工厂无疑是最有效的。

第三步，运送微生物、藻类、苔藓植物等能够在极端环境下生存的生物到火星。科学家预计，当火星地表的二氧化碳气体开始释放之后，大约在200年左右的时间里，火星将会逐渐回暖，这些二氧化碳也基本上能够形成一定的大气压，此后火星上将会有流动的液态水，水分会开始蒸发，雨雪等天气现象也会逐渐形成。到这个时候，人类便可以考虑将一些能够在南极洲等极端气候中存活的生物，比如细菌、苔藓等等运送到火星上，让其生根繁衍。

第四步，移植开花植物、针叶树等植被。据科学家推测，大约在600年后，火星上的微生物便能在其表面制造出足够的有机土壤，并向大气中释放一定量的氧气。到这个时候，人类可以考虑将一些开花植物或针叶树等植被移植到火星土壤中，让其生根繁衍。随着植物的生长，在光合作用下，火星上的氧气将会越来越多。

第五步，建造殖民地。当火星上的植物制造出足够支撑人类生存下去的氧气后，人类便可以考虑在火星上建造殖民地了，据推测，这个过程大约需要900年。到那个时候，火星上将会逐步建立起核电站、风力发电站等能源供应系统。

第六步，人类实现正式移民火星。根据这一千年计划，大约在1000年左右的时候，人类便能正式移民到基本建造完毕的火星上生活了，那个时候火星上将会建造很多带穹顶的封闭型城市。据预测，到那时，火星赤道的平均温度大约能够升高到4℃，而火星的大气层中则将存在50%的二氧化碳气体、40%的氮气、5%的氧气以及5%的其他气体。当然，即便确实能够达到这一条件，空气中氧气的比重依然偏低，因此当人们在火星表面散步的时候，考虑到机体需求，还是需要佩戴氧气面罩。

虽然科学家们认可了这一"千年改造火星"计划的可行性，但美国NASA行星科学家克里斯·麦凯还是指出，即便这一系列计划都能成为现实，也并不意味着被改造后的火星能够成为真正意义上的"下一个地球"。那时候的火星仍然并不适合普通人长期居住，它只能像南极一样，充当一个"科考研究站"。麦凯说："到那个时候，我们将能够像在南极生活那般在火星上生活，但很显然，南极并没有任何一所可以让你的孩子受教育的小学。"

麦凯还表示，想要改造火星，也许并不需要那么多的步骤，我们完全可以借助微生物和植物的力量，让它们自己去完成对火星的"改造"。麦凯认为，人类根本不需要亲自动手，只要想办法让火星变暖，然后撒下一些种子，就可以静待成果了。

或许在千万年之后，当人类的地球家园最终因某些难以抗拒的灾难而面临毁灭之际，火星已经成为一片片能够支持生命进行繁衍的绿洲了，到那个时候，火星将会成为人类在太空中的"诺亚方舟"，承载起人类生存与繁衍的希望。但火星的体积与重力都比地球要小得多，其重力值大约只有地球的38%，这意味着，当地球生物移居到这个新的星球上之后，将会面临着截然不同的生存环境，不管是人或者动物在移民之后的许多年中，将逐渐演变进化成为比原来要巨大得多的"庞然大物"。

另类思路：变成火星人

当科学家们将火星作为重点"培养"对象，试图通过各种各样的方式将其改造成为"另一个地球"的时候，一位科学家却提出了一个非常另类的观点：与其试图利用各种方式及工具去改造火星，我们为什么不考虑"改造"自己，通过基因工程，使人类变成能够适应火星生存环境的"火星人"呢？

事实上，今天的人类便是在几百万年的时间里，为了适应环境不断发生进化与基因突变才最终成为现在的样子的。在几百万年之前，地球上并不存在今天的人类，那时候，人类的祖先还只是猿猴，这些猿猴生活在东非的郁郁葱葱的森林之中，随着环境的变迁，森林变成了稀树草原，猿猴为了适应生存环境逐渐进化成为了现代智人。再后来，东非草原逐年干旱，智人开始迁徙，并逐步扩散到了世界各地。随着生活环境的改变，这些智人的基因也根据地区的不同而发生了不同的变化，最终进化成为各具特色的人种。

可见，人类对于环境是有一定的适应程度的，既然人类能够通过改变自身基因来适应地球上生存环境的变迁，那么为什么不能考虑去适应火星的生存环境呢？况且，随着基因技术的突飞猛进，人类已经能够通过科技手段对生物体内的基因进行修改，甚至可以在原本的生物体基因中加入新的基因，制造出一个全新的基因体。如果这一技术能够成功应用在人类自身上的话，那么，从理论上来说，人类完全可以加速进化，快速适应任何生存环境，包括火星。

当然，这个想法还存在着许多缺陷，我们可以先对植物进行改造，在实践中不断提升技术能力。植物基因的改造是有成功先例的，美国俄勒冈州立大学的林业科学家就曾通过改造树的基因，从而成功控制了树的生长高度。该科学家在树木中植入了一种从拟南芥属植物里提取的基因，这种基因能够抑制植物的生长速度，在这种基因作用下，原本高大的树木由于细胞不能进行充分伸展，便无法长高了。

通过基因改造技术，我们可以改变地球上的植物种子，使其能够适应火星上的环境，然后将其直接播种到火星上。这样一来，火星稻米、火星蔬菜、火星树木等等便能直接在火星上蓬勃生长，完全不需要对火星本身进行任何改造。

当然，在这个过程中，必然会有一大部分的植物死亡，这是自然选择必须经历的过程。而通过这些考验顽强生存下来的植物，则能够继续不断地进行自身基因的进化与改造，并同时改造火星的环境，最终形成一个全新的、稳定的生态环境。如此，一个新的火星生态系统就诞生了。

当全新的火星生态系统建立起来之后，人类便可以利用基因技术改造地球上的动物，使其能够在这种火星生态系统中生存，假以时日，火星牛、火星羊、火星鸡、火星马……等等动物将会遍布火星，让这颗星球变得生机勃勃。

实际上，在地球上已经有过类似这种改变环境的先例。大约在160多年前，有"进化论之父"之称的查尔斯·达尔文在一次航行中发现了位于南大西洋上的阿森松岛，这个岛屿贫瘠荒凉，植被也十分稀少，达尔文决定要改造这个岛屿。于是，他从大陆上运送了许多树木栽种到这个岛上。20年后，大部分的树种都因为无法适应这个岛屿的生存环境而死亡了，但其中也有一小部分的桉树、诺福克岛松、香蕉树以及竹子等在岛上存活了下来。而现在，原本贫瘠荒凉的阿森松岛早已经成为了郁郁葱葱的绿色岛屿。

一名生态学家表示，假如阿森松岛只依靠自然进化，那么想要成为如今的样子大概需要历经数百年之久。但达尔文人为的插入，却大大缩短了这一进化演变所需要的时间。正是这个实验，给了科学家们一个新的启发：当人类对初环境进行一些干预之后，即便不精心照料，大自然也总能找到自己的发展方式。

当火星植物和火星动物都安排就位之后，火星的环境实际上也必然会与现在的火星大相径庭，而到这个时候，也就轮到人类进行自身的基因改造了。通过合成生物技术，人类完全可以对自身进行全方位的改造，以适应火星上的恶劣环境，比如缺氧、低重力等等。有科学家认为，一旦人类在火星上实现定居，随着对环境的适应，火星上很有可能会出现呼吸二氧化碳的"厌氧人种"，到那个时候，地球人大概也就完全实现了向火星人的过渡了。

事实上，这并非是异想天开，在35亿年前，所有生物的"祖先"都是厌氧菌，后来，在这些厌氧菌之中，进化出了能够进行光合作用的细菌，随着这些细菌的增多，地球上的氧气也开始逐渐多了起来。这种情况使得厌氧菌们面临灭顶之灾，为了适应环境的变化，一部分厌氧菌开始进化，并逐渐从"厌氧"变为了"喜氧"，直到后来，地球上的大部分生物都已经变得完全依赖氧气，没有氧气甚至无法存活。

因此，科学家认为，既然生物能够从"厌氧"进化为"喜氧"，那么同样能够通过基因改造，由"喜氧"变回"厌氧"。既然如此，那么与其大张旗鼓地想法子让缺少氧气的火星变得氧气充足，倒不如改变人类基因，使得人类能够适应火星的无氧环境。

自然的进化是非常漫长的，但有了基因改造技术，这一时间将会大大缩短。那么，通过基因技术对人类进行改造，使人类变为能够适应火星环境的"火星人"究竟需要多长时间呢？对此，科学家非常有信心，他们坚信，通过现代的基因技术，仅仅只需要经过几代人的基因改善，便能完成这一进化演变了。

科学家认为，完成基因改造的人类在火星上站稳脚跟之后，将会形成与地球全然不同的火星文化。由于起初生存环境的恶劣，这些火星人必须紧密团结在一起，而这将有利于他们克服原本所携带的自私的基因特性，并创造出一个以"爱"和"团结"为核心的火星文明社会。科学家认为，这个全新的火星文明社会很有可能由女性来进行主导，因为女性比男性更加宽容，也更加坚韧，更符合该社会的核心价值。

很显然，火星并不会成为人类发展最后的终点站，一旦人类实现迈出地球的这一步，那么必然会在未来不断地向着太空迁徙扩散。探索与征服，这或许是人类骨子里永远不可磨灭的特性。

星球之间的距离是非常遥远的，即便是地球的"老邻居"火星，距离地球也足足有5000多万千米，以目前人类所拥有的宇宙飞船的速度作参照，从地球到火星，至少要飞行5个多月。因此，要实现对宇宙的探索，甚至是向火星的迁徙，科学家必须对宇宙飞船进行不断地改进，或者寻找到更为便捷的太空旅行途径，比如对时空的掌控，当然，这一想法目前纯属于幻想。

为了实现人类向太空迁徙的梦想，科学家们甚至考虑建造一个巨型的宇宙飞船，让人们可以在飞船里学习、生活、工作，甚至于结婚生子，使这个巨型的宇宙飞船成为一个在太空中移动的巨大城市。但从现实角度考虑，飞船的空间始终是极其有限的，想要形成一个类似于城市的存在，几乎不可能。而且考虑到人类生活所需要的能源供给，乘坐飞船的人恐怕还是尽可能地以冬眠状态来度过这段旅程比较好。

相比起火星来说，宇宙的环境显然要更凶险复杂得多，当人类开始向宇宙扩散之际，便需要以更为强大的基因改造技术来对自身进行改造，以适应宇宙变化无常的环境。到那个时候，这些新型太空基因人甚至可能拥有某些超能力，比如抗辐射的皮肤或者超级强大的夜视能力等等。

考虑到人类肉体的局限性，甚至有科学家提出，人类可以考虑利用人工智能技术，来进行人与机器的"合体"，甚至利用基因技术创造出一个高智能的人造大脑。当人类最终进化成为高级的"宇宙人"时，如今看似天方夜谭的星际旅行，对于他们来说，或许就和我们在地球上出门走个亲戚一般平常了吧。

太阳系外的五大宜居星球

在探索宇宙的进程中，迄今为止，已经有900多颗太阳系外的行星被科学家们所证实。人们探索外太空，最主要的目的之一就是为人类寻找新的家园，以便在未来的某一天，人类不得不离开地球之际，也不会失去容身之所。然而，茫茫宇宙中的星球何其之多，我们不可能对每一颗星球都进行详细的探查，那么，有没有什么办法可以帮助我们缩小探查范围呢？

要确定一颗行星是否适合人类居住，首先就要知道它的质量，根据质量值，科学家们便能大致推断分析出该行星的组成结构，从而找到那些由气体或岩石等生命支撑材料所构成的星球，这些星球就会成为我们的重点考察对象。

除了行星构成成分之外，质量也可以帮助科学家们推断出该行星表面以及内部的活动情况。质量对行星的很多方面都有影响，任何板块的构造、星球内部的冷却和对流等都与质量有关。因此，通过探查行星的质量，我们便能对该行星的许多性质做出界定，从而缩小探查对象的范围。

那么，如何才能确定一颗行星的质量呢？我们不可能制造出一杆巨大的称，像称水果或蔬菜一般地去给宇宙中的行星称重。

事实上，美国国家航空航天局的研究人员们是通过斯皮策或哈勃太空望远镜来对目标系外行星的透射光谱进行分析，从而判断出目标行星大气的性质，并通过该行星经过恒星时被遮蔽的光的总量，从而计算出行星质量的。所谓透射光谱指的就是，当行星经过恒星面前的时候，一些光会穿透其环绕在四周的大气层，通过分析穿透大气层的光的波长，就能判定大气层的性质。

在科学家们的不懈努力之下，迄今为止，已经有越来越多的星球进入了人类"第二家园"的候选名单，波多黎各大学阿雷西博行星宜居实验室所发表的研究报告中就列出了5个最有可能成为"下一个地球"的系外人类宜居行星。

1.格利泽581g

格利泽581g是迄今为止被发现的所有系外宜居行星中距离太阳系最近的，仅仅只有20光年。这是一个遍布岩石的星球，其质量大约是地球的两到三倍。格利泽581g所在星系的恒星母星是红矮星格利泽581，它环绕这颗恒星绕行一周的周期大约是30天或者更长一些。在这个行星系统里，除了格利泽581g之外，至少还存在四五个其他的行星。

在目前所发现的人类宜居行星中，格利泽581g一直稳列榜首，这颗行星之所以能有如此高的排名，研究人员认为，主要是因为它与恒星母星之间的距离恰到好处，使得该行星的宜居地带上拥有流动的液态水，这意味着，在这颗星球上，生命出现的可能性非常高。

事实上，自从2010年9月被发现以来，格利泽581g一直饱受争议，天文学界在很长一段时间内都不能确定，这颗星球是否的确真实存在。而如今，行星宜居实验室对格利泽581g的承认有力地回击了那些一直怀疑这颗星球真实性的反对派。

2.格利泽667Cc

2012年2月，曾经发现了格利泽581g的科研团队又发现了另一颗或许适合人类居住的星球，也就是格利泽667Cc。这颗行星位于距离太阳系大约22光年外的天蝎座，环绕着一颗红矮星在运行。

格利泽667Cc的质量至少是地球的4.5倍，因此它得到了一个"超级地球"的称号。这颗星球的公转周期只有28天，非常有趣的是，这颗星球的恒星母星是一个三星系统，这意味着，如果人类成功登陆该行星，仰望夜空之际，将能够欣赏到令人震撼的、壮丽而诡异的夜幕景象。

3.开普勒-22b

在茫茫宇宙中发现开普勒-22b星球的，是一台十分了不起的机器：由美国国家航空航天局所制造的，专门用于行星探索的开普勒空间望远镜。

开普勒空间望远镜于2009年3月发射升空，投入"工作"之后，这台望远镜先后成功探寻到了2300多颗潜在的系外行星。当然，在这庞大的行星群中，最后真正能得到确认存在的，只是很小的一部分，但即便是这很小的一部分，也足以载入史册。尽管在2013年5月之后，这台望远镜因为故障问题而停止了自己的搜寻探索任务，但一直以来它的功绩是有目共睹的，没有任何人能够抹杀。

开普勒-22b的体积大约是地球的2.4倍，科学家根据该星球所产生的温室气体效应推算，它的地表温度大概是22℃左右。开普勒-22b的恒星母星位于天鹅座，和太阳系的距离大概有600光年左右。

4.HD 85512b

HD 85512b是继格利泽667Cc之后的又一个"超级地球"，质量达到了地球的3.6倍。这颗行星是欧南天文台利用智利的高精度径向速度行星搜索器所发现的系外类地行星，位于船帆座，距离太阳系大约35光年。

据计算，HD 85512b行星的恒星母星质量大约只有太阳的三分之一，但HD 85512b的云覆盖率却达到了50%甚至更高，这意味着该行星能够将足够的能量反射到太空，避免表面过热，据推算，该星球的表面温度大概有25℃，这意味着，在这颗星球上，很可能存在着流动的液态水。

5.格利泽581d

格利泽581d与格利泽581g是位于同一系统内的"兄弟行星"，但它的公转轨道要远远大于格利泽581g。格利泽581d的质量非常大，至少是地球的7倍。这颗行星是2007年被发现的，但由于其表面温度实在太低，并不利于生命的存在，故而一直被众多学者所"冷落"。但根据包裹它的大气建模研究显示，这颗"低温"行星或许并不像人们所想象的那般荒凉，在温室效应的"加热"之下，这颗行星也并非全然不可能存在支持生命的条件。但很显然，目前来说这不过只是一种猜测，要得到确定的答案，科学家们必须再接再厉，继续对格利泽581d的大气层进行研究。而要做到这一点，科学家们恐怕还要努力加紧先进望远镜的技术研究。

开普勒—452b：地球的未来？

2015年7月24日凌晨，一则消息让人们的目光再次聚焦在了神秘莫测的星空——美国国家航空航天局（NASA）正式宣布，天文学家们发现了迄今为止与地球最为相似的一颗系外行星开普勒—452b，并认为，这颗行星或许就是人类一直在寻找的"第二个地球"。

开普勒—452b位于天鹅座，与地球之间的距离大约达到了1400光年。这颗星球之所以被天文学家们认为是"第二个地球"，是因为它无论大小还是与恒星母星之间的距离，都与地球的情况非常类似。据科学家估算，这颗行星的直径大约是地球的1.6倍，而在它所位于的星系中，中央恒星的大小和亮度，也都与太阳有着惊人的相似。更令人惊喜的是，这颗行星的公转周期大约是385天，与地球的公转周期十分接近。但这颗行星的"年龄"要比地球大一些，大概是60亿岁，正因为如此，网络上很多人都将这颗行星戏称为"地球的大表哥"。

除了与地球有着极其相似的情况之外，开普勒—452b的轨道被科学家认为正好位于恒星的宜居带。所谓宜居带，指的就是在恒星系统中，适合生命存活的某一区域。在宜居带中的行星，其表面温度是最接近地球的，甚至可能存在流动的液态水。

众所周知，水是生命之源，至少在地球生命的演化过程中，水是生命孕育的必备条件。因此，一直以来，液态水的存在与否一直是科学家推测某个星球是否存在生命迹象的前提条件。

那么，与地球情况极为相似的开普勒—452b究竟能不能证明外星文明的存在呢？中国科学院国家天文台副研究员郑永春认为，在银河系中，与太阳系类似的星系有成千上万，而在宇宙之中，像银河系这样的星系，同样也有成千上万。如果单从概率上来说的话，那么与地球环境相似的行星存在的可能性是非常大的，孕育生命的可能性也并不小。

但迄今为止，人类始终还未发现地球之外存在任何生命迹象的直接证据。尤其是对于太阳系外的类地行星的探查中，关于恒星表面是否具有液态水，也依旧只停留在推测阶段，现有的科技水平还不足以进行直接的取证。

对于开普勒—452b，科学家推测，它很有可能是一颗岩石星球，如果这个推断正确的话，那么开普勒—452b就能够捕获大气层。科学研究表面，恒星的光度是随着年龄的增大而逐渐增强的，那么，根据开普勒—452b的恒星母星亮度，我们可以推测，如果开普勒—452b的确存在生命的话，那么它很可能已经处于生命进化的晚期了。根据这一论断，有人描述道：在日益增强的辐射作用下，开普勒—452b星上所有的海洋可能已经被逐渐蒸发，只留下了被矿物沉积包围着的湖泊。

当然，即便能确定开普勒—452b上确实存在液态水，也并不意味着它就一定能孕育生命。除了水之外，星球上是否有磁场的保护，大气层是否能够阻挡来自太空中的各种高能粒子和辐射影响等条件也是孕育智慧生命所不可或缺的。

在茫茫的宇宙中，想要寻找到地球或人类的"小伙伴"并不是一件容易的事情。据科学家介绍，太阳系的半径大约有10万至15万个天文单位，一个天文单位大约相当于1.5亿公里，这是一个非常广大的空间，地球在太阳系中，就如同是太平洋里的一滴水一般。按照目前的科技水平，人类航天器确实抵达的天体中，最远的大约距离地球50个天文单位。可见，即便是对太阳系的探索，人类目前所得到的结果都是极其有限的，更别说系外行星了。

就目前而言，科学家对于系外行星的推测，大部分都是基于开普勒太空望远镜所观测到的景象，而不是确切的近距离探测。"新视野"号是迄今为止飞行最快的太空探测器，它已经飞行到了50亿公里之外，相信继续努力很可能突破100亿公里。

开普勒—452b距离地球1400光年，这就意味着，即便飞行器以光速前进，也需要花费1400年才能从地球抵达开普勒—452b。也就是说，我们现在所观测到的开普勒—452b所呈现在我们眼前的景象，实际上是相当于地球处于唐朝时期的时候，从开普勒—452b星上发出的一束光。

在目前人类的科技水平基础上，如果按照"新视野"号的飞行速度5.9万公里/小时来算，人类从地球飞往开普勒—452b需要2709万年，这个时间甚至远远超过了人类在地球上生存的历史——200万年。

那么，有没有什么办法可以让人类突破空间的限制，在尽可能短的时间里抵达如开普勒—452b这样的系外行星呢？

科幻电影《星际迷航》中有一种设想：曲速宇宙飞船。这种飞船的原理是，通过一种能够让空间"变形"的引擎来推动飞船前进，当前方空间收缩，后方空间膨胀的时候，由于空间膨胀的速度没有任何限制，飞船便能超越光速行驶。但即便这个设想能够成为现实，根据曲速宇宙飞船的飞行速度推算，人类想要从地球抵达开普勒—452b至少也需要历时6年多。

还有没有更加快捷的方式呢？这就不得不提到另一部科幻电影了——《星际穿越》。

《星际穿越》中所呈现出的虫洞大约是迄今为止人类所设想到的最便捷的星际旅行方式了吧。虫洞一种非常特殊的空间结构，它可以通过"折叠"空间，而让时空中的两个点直接相连。打个比方，一张白纸上画有两个点，这两个点在平面上的距离是既定的，但我们如果将白纸折叠起来,那么这两个点的距离就会缩短,甚至重合在一起。在虫洞的概念里,空间就好像是这张白纸,而虫洞就是白纸折叠之后,连接两个点的"通道"。

如果虫洞结构的设想能够成为现实,那么从理论上来说,人类甚至能制造出穿越时光的隧道,并能够在极短的时间之内跨越超远距离的空间,如此,星际旅行也就变得极其简单了。著名物理学家霍金曾经提出过一个观点,他认为,虫洞一直存在于我们四周,只是它非常小,小到肉眼无法看见。它们就在空间与时间的裂缝之中,或许有朝一日,人类能够"捕捉"到一个虫洞,通过某些方式将它放大,由此制造出一个巨大的,足以让人类进行穿越的时空隧道。

不管怎么样,就目前的情况而言,曲速宇宙飞船也好,虫洞也罢,都依然还只存在于人们的想象之中。就实际情况来看,进行外太空的探索是非常不易的,不仅需要投入大量的人力、物力、财力,还时时刻刻面临着不可预知的危险。那么,科学家们究竟为什么如此执着地对那些遥远的类地行星进行探索呢?

对此,郑永春解释道:"在我们对系外行星进行探索的过程中,不仅仅能够扩展知识,更重要的是,能让我们对我们所生存的家园地球以及太阳系的过去、现在以及未来的演化方向有更深刻的认识。"

在天文观测中,科学家们发现,处在不同恒星系或不同年龄阶段的行星,本身的状况也在不断发生着变化。比如和我们生命息息相关的太阳，据推算，它的寿命大约有100亿岁，当太阳的寿命走到尽头的那个时候，太阳将会变成一颗不再发光的红巨星，而到那个时候，地球也将变得不再适合任何生命存活。

现如今，我们所生存的太阳系已经演变到了行星形成的晚期阶段，对于此前行星演化的历史，人类了解得并不多。但是，通过对系外行星的搜寻，我们将能看到许多处于不同阶段，甚至不同类型的行星系的情况，这对于我们了解自己所生存的空间有着非常重要的帮助。

以开普勒—452b所在的星系为例，该星系的中央恒星比太阳要"年长"约15亿岁，而我们知道，开普勒—452b与地球有着许多惊人的相似点，因此科学家们认为，如今开普勒—452b的状况，很有可能就是未来十几亿年之后地球将要面临的状况。通过观测开普勒—452b，我们或许就是在窥探地球未来的发展。

此外，寻找系外行星，实际上也是在为人类的未来未雨绸缪。当有一天，太阳的寿命走到尽头时，人类必然将离开太阳系，前往新的"避难所"。因此，探索类地行星，实际上就是在为人类寻找后路，让人类的火种能够一直延续下去。

寻找外星文明的六种方法

　　在浩瀚无垠的宇宙中，是否存在着与人类相似的高级智慧生命体，也就是人们所说的"外星人"？目前为止，我们还未寻找到这个问题的答案，但科学家们从未放弃过对宇宙的探寻。美国伊利诺伊州巴达维亚的费米国家加速器实验室的科学家理查德·卡利根曾在一篇论文中提出了在宇宙中寻找外星文明的六种方法。

1.通过搜寻"光污染"来锁定外星文明

　　当夜晚来临的时候，人口稠密的大城市会点亮许许多多的人造光源，将夜晚照亮如白昼一般，每当这个时候，从外太空观测地球，都能看到这些大城市所发出的光亮。因此，卡利根认为，如果某外星球存在与人类相似的文明，那么同样的，也将会产生光污染，可见，通过对光污染的监测，便能锁定可能存在高级生命体的外星文明。但事实上，这一方法在实际执行上并不容易实现，即便地球上所有的电能都被用来产生光源，这些亮光甚至不足地球反射阳光产生亮度的千分之一。可见，即便某外星球上真的存在光污染，我们也很难通过这一点微弱的光亮来锁定它。

2.通过大气化学污染物来找到外星文明

人类社会的繁荣发展所带来的另一产物就是污染。在人类社会发展所造成的污染中，人造化合物氯氟碳化合物具有吸收特定波长的红外线的特性，这种物质，哪怕在大气层里只存在万亿分之一，也能通过这一特性在遥远的地方探测到。

卡利根认为，文明的发展总会伴随污染，这一理论为科学家搜寻外星文明提供了一种有趣的新思路，即通过探测外星球大气层中存在的氯氟碳化合物来锁定可能存在外星文明的星球。当然，如果要实现这一思路，那么科学家就必须先制造出一台足够灵敏的望远镜才行。

3.通过搜寻核裂变产物寻找外星文明

科学家们通常认为，如果宇宙中真的存在外星人的话，他们的文明很可能比地球要先进得多。在这一大前提下，卡利根认为，外星人很可能已经掌握了利用核能的技术，而倾倒核废料则必然会留下因为大量核裂变而产生的罕见元素，比如锝和钕。这些元素非常罕见，通过搜寻这些元素存在的痕迹，或许能够找寻到关于外星人的踪迹。但条件是这些元素必须存在足够大的量，否则很难被探测和识别。

4.搜寻"戴森球"

"戴森球"是1960年由弗里曼·戴森提出的一种理论,他认为,像地球这一类的行星,本身所蕴藏的能源是极其有限的,根本不足以支撑人类的文明发展到更高级的阶段。而在一个恒星—行星系统中,恒星通过辐射所散发出的能源,绝大部分都被浪费了。因此,戴森认为,如果某个类地行星上存在高度发达的文明,那么这个星球上的智慧生命体必然有能力将主恒星所辐射出的能量截获,以此来支撑高级文明发展所需的能源消耗。而要做到这一点,该文明就必须建立一个巨大的球状结构的东西来将主恒星包围起来,从而获得它的能量。戴森的设想中所提出的这个球状结构就被称为"戴森球"。

如果"戴森球"真实存在的话,那么这个巨大的工程无疑会成为外星人存在的一个巨大而醒目的标志。另外,在戴森的构想中,"戴森球"能够全部或部分吸收恒星的辐射,这就意味着,它会对恒星的可见光起到一定的遮挡作用,而在恒星的炙烤之下,"戴森球"将发出红外线,这将会成为它存在的一大标志。不过可惜的是,直至目前为止,科学家都没有发现任何疑似"戴森球"存在的痕迹,戴森的这个设想究竟会不会成为现实还有待考证。

5.探寻"费米气泡"

"费米气泡"是在"戴森球"构想的基础上所产生的一个理论。

科学家们认为,如果高级的外星文明的确存在的话,那么他们或许不仅仅需要一个"戴森球"，而是很可能会利用数个"戴森球"来搜寻多个恒星发出辐射所产生的能量。这样一样，将会有数颗恒星的可见光受到干扰，由此形成一个暗区，而这个暗区就被科学家称为"费米气泡"。换言之，"费米气泡"实际上就相当于多个"戴森球"的结合体，因此，"费米气泡"在恒星的炙烤之下也会产生辐射热量，使其发出在红外线波段可见的光。但很显然，迄今为止，科学家们也没有发现"费米气泡"存在的痕迹。

6.通过寻找恒星被改造的证据来探寻外星文明存在的痕迹

恒星并不能如同它的名字一般永恒存在，当一颗恒星进入暮年之后，内核的氢气会消耗殆尽，此后，这颗"老年恒星"将会膨胀成为红巨星，将其周围的行星以及行星上所存在的所有生命体都吞噬殆尽。

科学家们认为，如果外星球真的存在高级文明的话，那么这些外星人所掌握的科技或许已经达到一定高度，足以对其母星进行改造，从而保证自己星球的宜居条件。也就是说，为了保证其所生存的星球能一直长远地存在下去，科学家认为，外星人很可能能够通过某些手段延长恒星的寿命来避免灾难。比如将恒星其他部分存在的氢气与内核氢气混合，通过调整恒星的运转速率改变内部压力等等。这些改造必然会给恒星留下非常独特的并且易于辨识的特征，也就是说，一旦发现这些痕迹，那么它将成为证明高级外星文明存在的有力证据。

外星人与UFO

在广袤无垠的宇宙面前，地球就如同尘埃般微小，在探索这片神秘莫测的宇宙空间时，人们的心头总存有一个疑问和一种隐隐的期待：在地球之外的行星上，是否还存在着别的高智慧生命？

对于这个疑问，大部分人心中的答案都是肯定的。地球并不可能是广袤的宇宙中唯一特殊的星球，在这个广大的空间里，拥有数之不尽各式各样的天体，我们有理由相信，在某个地方，必然存在着与地球一样，能够孕育生命的星球。

如果外星人的确存在，那么问题来了，他们是否到过地球呢？又是否知道人类的存在呢？

对于这个问题，人们有着截然相反的看法。认为外星人到过地球的人总是将地球上许多至今还难以给出明确解释的谜团看作是外星人留下的"作品"，比如神秘的埃及金字塔、玛雅文明以及复活节岛上神奇的巨石阵等等。虽然说迄今为止，有很多谜团人类的确都还没有找到合理的解释，但也并没有任何直接的证据表明，这些就是天外来客们的手笔。

还有很大一部分人坚信外星人是从未光临过地球的。他们认为，如果以人类的特性为参照，那么任何在地球之外拥有高度技术文明的智慧生物，必然都会和人一样，积极向着宇宙空间探索、扩展。更重要的是，他们很可能也会和人类一样，对外星生命充满兴趣，如果他们抵达过地球，或者曾发现过人类的踪迹，那么不可能不留下任何直接的证据，他们甚至应该会考虑直接与人类建立联系，或对地球进行研究考察，就如科学家们一直试图要去做的那样。

　　当然，对于这一想法，也有人提出了驳斥，他们认为，或许外星人早已经对地球和人类都了如指掌，他们拥有着比人类更加高级的社会形态和生存形态，地球在他们眼中渺小得令人不屑一顾。他们看人类，就好像我们看蚂蚁一般，总不会有人类想去和蚂蚁建立联系吧。当然，也可能外星人们暂时还没想好要如何来对待地球和人类，所以决定采取观望态度，暂时不插手地球上的事宜。

　　有一种理论则认为，从文明的发展历程来看，每个文明都存在一定的持续周期，最终的结局，不是因为外部环境的恶化而毁灭，便是被自身所发展的技术文明所毁灭。毁灭之后，新的文明又会继续发展，周而复始。这种理论认为，在这样的规律之下，不管是人类文明还是外星文明，能够扩展的空间都是有限的，换言之，即便存在外星文明，他们或许也并没有能力扩展到地球所在的区域，而人类文明自然也一样。这种理论对于人类科学的发展来说，无疑是带些悲观色彩的。

　　还有部分人提出了一种可能，宇宙里的确存在外星人，他们或许也曾试图过想要探索地球，但很可惜，在抵达地球之前，他们很可能被恒星碰撞以及黑洞释放所产生的 γ 射线爆发的辐射杀死了。

不管怎么样，这些千奇百怪的想法和回答不过只是人类基于有限的了解和自己的想象所做出的推测。在科学领域，截至目前为止，科学家还并没有找到直接而有力的证据，可以证明外星文明的存在。

既然科学家们始终都没有找到肯定的答案，那么为什么在长久以来，人们对外星人的兴趣却只增不减，甚至一再坚信着他们的存在呢？说起来，这或许与时不时出现并引起一阵轰动的UFO脱不了干系。

UFO是英文"Unidentified Flying Object"（不明飞行物）的缩写。正如它的字面意思，UFO究竟是什么，目前众说纷纭，真相尚且不明。有人认为，UFO就是外星人的飞船；也有人说，UFO不过是一种大气现象；还有人认为，UFO应该是人们对飞机、气球、火箭或者卫星碎片等等飞行物的误认，甚至可能是将某处的灯光看错了；自然，也有人表示，所谓的"发现UFO"很可能本身就是一个恶作剧或者视觉上产生的某种幻觉。

从科学的角度上来说，面对一个具有争论的科学问题，我们必须客观深入地进行研究与探讨，最后以事实来作为最后的结论。如果要以科学的方式来研究UFO，那么就要先从理论方面的分析和逻辑的推理论证开始，然后再进一步通过实验验证，完成对UFO现象的探测。

理论方面的科学论证通常来说有两种方法，一是证明，二是反证，或称排除法。在研究的过程中，不管使用的是哪一种方式进行论证，都必须要能经得起另一种方法的论证，并且还要能经得起反复的实验验证，最终才能确定该结论的正确性和科学性。

目前，认为UFO是外星人所乘坐的飞船的人，一般是以反证法来论证自己的观点的。他们认为，所谓的幻觉、恶作剧、误认或者大气现象等根本不能完全解释所有目前被人们所发现的UFO现象。根据目前所能搜集到的资料，UFO具备来、去、隐、现、悬停以及任意角度转弯等性能，而这些性能都是目前人类所制造的任何飞行器都不能具备的，有的甚至违背了物理原理。因此，在所有UFO现象中，即便的确存在一些误认或幻觉等等，但肯定有一部分来自于高级的外星文明。

这一观点听上去虽然有道理，但从科学的角度上来说，在反证法中，如果存在100种可能性，那么必须将多余的99种可能性全部排除，由此才能得出唯一的结论。而关于UFO是外星人所乘坐的飞船这一论断显然还不足以达到这个程度。尤其是其中提到，说因为UFO甚至能够违背物理原理，所以很可能是外星人制造的产物，这种说法让人不敢苟同。物理原理即便在宇宙中也是相通的，违背物理原理其实就是违背了宇宙规律，不管多么高明的外星人，大概都不可能制造出与宇宙规律相悖的飞行器。

不管怎么样，对于神秘的UFO，我们如今还没有一个定论，随着人类对太空的探索与了解，或许在将来的某一天，无论是外星人之谜，还是UFO之谜，都会完全呈现在我们面前。

星际"漂流瓶"

1960年4月11日，一项名为"奥兹玛"（Ozma）的监听外星人信号计划正式实施，该项目的负责人是美国天文学家德雷克。虽然这项计划始终未能取得任何肯定的结果，但它的科学意义仍然是不可忽略的，它开创了人类联系外星人的新纪元。

在半个多世纪以来，人类除了通过被动地监听外太空发送而来的信号来寻找外星人的痕迹之外，还通过各种各样的方式主动向太空发射信号，试图联系外星人。这就好像在茫茫的大海中抛出一个个漂流瓶一般，我们不知道这些信号会最终漂向何方，也不知道，会有谁接收到这些漂流瓶，看到其中的信息。

人与人之间要建立沟通交流，首要解决的问题就是语言，人类想要与外星人建立联系，同样要解决语言问题。早在17世纪初期的时候，伽利略就提出过一个观点，他认为，数学语言正是解读宇宙语言的钥匙。除了伽利略之外，科学家萨根也深信，在宇宙中，不管技术文明发展的差异有多大，数学语言都是各个文明的共同语言。1999年，中国数学家和语言学家周海中发表了一篇名为《宇宙语言学》的文章，其中也指出，数学语言所具备的一切特性都表明，它是宇宙交际最为理想的沟通工具。

此外，在1960年之际，荷兰数学家和天文学家弗罗登塞尔就出版了一部著作，名为《宇宙语言：宇宙交际语言的设计》。弗罗登塞尔在书中设计了一种以数学语言为基础的宇宙语，即依靠不同波长的无线电波信号来表达不同的意义。比如，短的无线电波信号可以表示数字，而长的无线电波信号则用来表示符号，通过这种不同的组合来表达不同的含义。此后，加拿大天文学家杜马斯和达蒂尔又在此基础上，设计出了一种更数学化的宇宙语，这一新的宇宙语在1999年和2003年发射到了外太空，星际"漂流瓶"就此抛出。

2009年8月的时候，澳大利亚国家科学周推出了一项名为"来自地球的问候"的非常有趣的活动，该活动主要是向人们征集想要对外星人发出的问候信息。截至活动结束之际，有近200个国家和地区一共25878人写下了自己的问候。这些信息后来都被发往了距离地球大约20.3光年的格利泽581d行星。因为此次活动的成功，英国国家科学与工程周于次年2月中旬也推出了一个类似的活动，名为"呼唤外星人"。这一次，向民众征集到的信息都是通过数学语言设计编译之后才发往外太空的。

有科学家认为，图像语言也可以作为人类与外星人建立交流的共同语言。所谓图像语言，就是以数字0和1作为代码，将一幅图像分割成许多像素，"0"表示浅色，"1"表示深色，由此，图像就会转化成为数字信号，可以通过无线电波进行发射。接收到这些信号的外星人只需要用白色和黑色的方块来替换"0"和"1"之后，便能得到原始图像，根据图像便能明白其中的含义。

此外，还有科学家提出，音乐语言同样能够作为宇宙交际的工具。俄罗斯心理学家列菲弗尔曾说过，两个完全不同的文明，即便在技术和智力的发展阶段上都存在差距，也必然可以拥有相同的情感共鸣，而音乐正是交流情感最好的方式之一。2008年2月，美国宇航局就曾通过西班牙阿德里的巨型天线，向距离地球431光年的北极星发送了披头士的经典歌曲《穿越苍穹》。

除了这些语言信息之外，人类还曾向外太空发送过不少实物信息。比如1972年3月到9月期间，美国就先后发射了"先驱者10号""先驱者11号""旅行者1号"以及"旅行者2号"四艘携带"礼物"的宇宙飞船。其中，两艘"先驱者号"所携带的，是一个金属板，左侧刻着太阳系的图案；右侧则刻着一个男人与一个女人招手致意的图案；下方则是太阳以及太阳系九大行星的编码。而两艘"旅行者号"所携带的，则是一张镀金视听光盘，光盘中收录了关于介绍地球文明的115张图片，并录制了地球上的55种语言，此外还有35种自然界中的声音，以及一些经典的音乐作品等等。科学家们相信，只要外星人能够收到这些礼物，凭借着他们的智慧和科技，一定能够成功破译其中的信息，了解地球人的善意。

虽然人类几乎已经尽了所有努力，向太空扔出友好的"漂流瓶"，但始终不曾收到过任何回应。对此，美国民间机构"搜寻地外智慧生命"

（SETI）的领导者娜塔莉·加布罗尔博士提出了一个新的想法，她表示，就像我们一直试图与外星人联系一样，也许外太空的某种先进智慧文明也一直在试图联系我们，但就目前地球科技发展水平而言，我们很可能根本无法检测或识别到外太空先进文明给我们发来的信号。

加布罗尔博士在接受英国《每日邮报》的采访时表示，人类正在接近在地球以外发生微生物甚至智慧生命的历史性时刻，她相信，我们这一代人终将会见证这一切，并且，人类最终必定会找到位于另一个星系的，真正意义上的"另一个地球"。

在过去的100年间，人类在太空探索领域取得了巨大的技术进步，加布罗尔认为，正因为如此，我们可以假设，如果宇宙中存在一个领先我们大约1000年左右的文明，那么他们的技术显然要比我们先进得多。人类甚至无法想象，他们将会用什么样的技术来与外界进行沟通交流，就好像100年前的我们，也根本无从想象在100年之后，我们究竟能够取得怎样的成果一般。

在目前发展的阶段，人类捕捉外星信号的类型主要是光学以及射电波段的信号。2015年时，科学家们曾接收到一些来自太阳系外的神秘信号，这些信号被称为"快速射电暴"（FRBs）。这样的信号并不是第一次接收到，迄今为止，科学家一共接收到了10组这种类型的信号。而令人在意的是，科学家通过研究发现，这10组信号竟然都是187.5的倍数。这就意味着，这10组信号的发射点的位置与地球之间的距离是有规律可循的，但可惜，据估算这些地点至少都在距离地球数十亿光年之外。以目前人类的科技水平来说，是不可能到达的。

美国前宇航员约翰·格朗斯菲尔德认为，事实上这些年来我们探索太空的活动已经在地球大气层里留下了不少痕迹，假如真的存在外星人，那么很可能他们早就已经知道了地球和人类的存在。格朗斯菲尔德的观点显然与加布罗尔博士不谋而合。

虽然许多人都对外星人感兴趣，但这并不意味着所有人都赞同与外星人建立联系。有部科学家就认为，人类贸然联系外星人是一种非常冒险且不理智的行为，比如诺贝尔奖得主、英国天文学家莱尔就曾经给国际天文学联合会（IAU）写过一封信，竭力主张阻止人类与外星人建立联系，莱尔认为，这很可能会给人类带来灭顶之灾；著名的天体物理学家史蒂芬·霍金也曾经对人们发出过警告，他认为与外星智慧生物建立联系会让人类文明面临危机，外星文明很可能拥有远远超越我们的技术水平，而且他们的意图是非常可疑的；英国天文学家库库拉也曾公开宣称道："很多人可能都会假设，我们将会联系到一些和善的智慧生命，但事实上这不过是一种猜测，几乎没有证据可以证明这一点。考虑到与外星人建立联系的后果，很可能会与我们的初衷相悖。"英国进化古生物学家莫里斯也表示，外星人很可能与人类一样，具有贪婪、剥削、暴力甚至于抢劫杀戮等黑暗面，因此，为了全人类的安全，最好不要和他们有任何牵扯。

然而，绝大多数的科学家则始终坚信，这些担心是完全没有必要的。在他们看来，一个文明的程度越高，建设这个文明的智慧生物就会越具有亲和力。这些科学家们更倾向于相信，比起剥削和掠夺，外星人更可能会选择尊重并支持星系的自然生物多样性。在这样的大前提之前，人类与外星人必然能够建立友好合作、共同发展的和谐关系。而在与外星人建立联系之后，人类也将能够接触到更加高级的文明，这对于促进人类文明的发展是大有裨益的。

图书在版编目（CIP）数据

诺亚方舟：揭秘地球大劫难 / 马郁文编著.—北京：
时事出版社，2016.6（2017.11重印）

ISBN 978-7-80232-948-5

Ⅰ.①诺⋯　Ⅱ.①马⋯　Ⅲ.①自然灾害–世界–普及读物

Ⅳ.①X431–49

中国版本图书馆CIP数据核字（2015）第320413号

出 版 发 行：时事出版社
地　　　址：北京市海淀区万寿寺甲2号
邮　　　编：100081
发 行 热 线：（010）88547590　88547591
读者服务部：（010）88547595
传　　　真：（010）88547592
电 子 邮 箱：shishichubanshe@sina.com
网　　　址：www.shishishe.com
印　　　刷：三河市华润印刷有限公司

开本：787×1092　1/16　印张：18　字数：220千字
2016年6月第1版　2017年11月第2次印刷
定价：32.00元
（如有印装质量问题，请与本社发行部联系调换）